中国软科学研究丛书

丛书主编：张来武

“十一五”国家重点图书出版规划项目

国家软科学研究计划资助出版项目

产品循环再利用运作管理

冯 珍 著

科学出版社
北 京

内 容 简 介

本书阐述了产品循环再利用的内涵、学科体系、在循环经济中的地位和作用，介绍了再利用产品质量特性和质量判断的基本过程和数据包络分析（DEA）方法，再利用产品质量改进的质量功能配置过程和方法；描述了产品循环再利用价值的可拓评价基本理论和方法、消费者对再利用产品的感知风险评价，以及产品循环再利用全过程的绩效测度方法；分析了废旧产品循环再利用的博弈过程、再利用产品交易的不完美信息动态博弈和基于产品循环再利用的资源节约型生产与消费模式。

本书在编写过程中力图紧扣国家建设资源节约型社会的决策，突出了科学性、先进性和启迪性，适合高校和科研部门循环经济与可持续发展方面的研究者、政府研究循环经济和可持续发展的相关部门的科技人员阅读，也可供从事产品循环再利用工作的经营者和消费者阅读。

图书在版编目（CIP）数据

产品循环再利用运作管理/冯珍著．—北京：科学出版社，2014
（中国软科学研究丛书）
ISBN 978-7-03-040120-5

Ⅰ．①产… Ⅱ．①冯… Ⅲ．①废物综合利用-研究 Ⅳ．①X7

中国版本图书馆 CIP 数据核字（2014）第 045695 号

丛书策划：林　鹏　胡升华　侯俊琳
责任编辑：石　卉　王昌凤/责任校对：张凤琴
责任印制：李　彤/封面设计：黄华斌　陈　敬
编辑部电话：010-64035853
E-mail：houjunlin@mail. sciencep. com

科学出版社 出版
北京东黄城根北街 16 号
邮政编码：100717
http://www.sciencep.com
北京凌奇印刷有限责任公司 印刷
科学出版社发行　各地新华书店经销
*
2014 年 5 月第　一　版　开本：720×1000 1/16
2022 年 2 月第四次印刷　印张：9 1/2
字数：191 000
定价：58.00 元
（如有印装质量问题，我社负责调换）

“中国软科学研究丛书”编委会

总 序 PREFACE

软科学是综合运用现代各学科理论、方法，研究政治、经济、科技及社会发展中的各种复杂问题，为决策科学化、民主化服务的科学。软科学研究是以实现决策科学化和管理现代化为宗旨，以推动经济、科技、社会的持续协调发展为目标，针对决策和管理实践中提出的复杂性、系统性课题，综合运用自然科学、社会科学和工程技术的多门类多学科知识，运用定性和定量相结合的系统分析和论证手段，进行的一种跨学科、多层次的科研活动。

1986 年 7 月，全国软科学研究工作座谈会首次在北京召开，开启了我国软科学勃兴的动力阀门。从此，中国软科学积极参与到改革开放和现代化建设的大潮之中。为加强对软科学研究的指导，国家于 1988 年和 1994 年分别成立国家软科学指导委员会和中国软科学研究会。随后，国家软科学研究计划正式启动，对软科学事业的稳定发展发挥了重要的作用。

20 多年来，我国软科学事业发展紧紧围绕重大决策问题，开展了多学科、多领域、多层次的研究工作，取得了一大批优秀成果。京九铁路、三峡工程、南水北调、青藏铁路乃至国家中长期科学和技术发展规划战略研究，软科学都功不可没。从总体上看，我国软科学研究已经进入各级政府的决策中，成为决策和政策制定的重要依据，发挥了战略性、前瞻性的作用，为解决经济社会发展的重大决策问题作出了重要贡献，为科学把握宏观形势、明确发展战略方向发挥了重要作用。

20多年来，我国软科学事业凝聚优秀人才，形成了一支具有一定实力、知识结构较为合理、学科体系比较完整的优秀研究队伍。据不完全统计，目前我国已有软科学研究机构2000多家，研究人员近4万人，每年开展软科学研究项目1万多项。

为了进一步发挥国家软科学研究计划在我国软科学事业发展中的导向作用，促进软科学研究成果的推广应用，科学技术部决定从2007年起，在国家软科学研究计划框架下启动软科学优秀研究成果出版资助工作，形成“中国软科学研究丛书”。

“中国软科学研究丛书”因其良好的学术价值和社会价值，已被列入国家新闻出版总署“‘十一五’国家重点图书出版规划项目”。我希望并相信，丛书出版对于软科学研究优秀成果的推广应用将起到很大的推动作用，对于提升软科学研究的社会影响力、促进软科学事业的蓬勃发展意义重大。

科技部副部长

张来武

2008年12月

前 言 FOREWORD

目前，很多产品在并不丧失原有使用功能，还未达到设计的寿命期限时便被更新、更流行的产品所替代，产品的使用周期越来越短，产品并没有真正报废便被停止使用。产品循环再利用延长了产品在市场中的寿命周期，增加了产品的使用价值，存在节约资源和能源的潜在好处，直接重用或维护后重用产品是一种最经济的回收方式，产品循环再利用是产品回收的第一优先级，是实现循环经济的重要功能之一。本书研究的产品循环再利用是指停用后的产品经回收级别判断后，可继续向用户维、任务维、等级维或地域维等寻求新的市场，整个产品直接投入再利用或维护后再利用。以这样的方式运作的产品，称为再利用产品。

中国是发展中国家，产品循环再利用的实践大量存在着，循环再利用相对于再制造来说是劳动密集型的产业。产品重用一方面能解决资源环境问题，另一方面可以提供就业机会。本书对产品再利用这种高层次资源化方式进行了理论研究，以指导产品循环再利用的实践。本书的主要内容有：阐述了产品循环再利用的内涵、学科体系、在循环经济中的地位和作用；介绍了再利用产品质量特性和质量判断的基本过程和数据包络分析（DEA）方法，再利用产品按照新用户需求质量改进的质量功能配置过程和方法；描述了产品循环再利用价值的可拓评价基本理论和方法、消费者对再利用产品的感知风险评价，以及产品循环再利用全过程的绩效测度方法；分析了废旧产品循环再利用的博弈过程、再利用产品交易的不完美信息动态博弈和基于产品循环再利用的资源节约型生产与消费模式。

本书在编写过程中力图紧扣国家建设资源节约型社会的决策，突出了科学性、先进性和启迪性，编入了作者在产品循环再利用相关理论与技术方面的研究成果。这些研究成果先后受到山西省科技厅软科学项目“产品级再使用的运作管理”（2008041035—05）、科技部软科学出版项目“产品循环再利用运作管理”（2011GXS9K002）和山西财经大学配套资金的资助。硕士生白婷参与了本书第二章的编写，硕士生曹婧婧参与了本书第四章的编写，硕士生张雯参与了本书第五章的编写，硕士生侯银丽参与了本书第六章的编写。

由于水平有限，书中的内容又是产品循环再利用的新思想和新理论，不妥之处敬请斧正。

冯　珍

2013年12月

目 录 CONTENTS

第一章 产品循环再利用的基本理论

第一节 循环经济理论

循环经济思想是在20世纪60年代由美国经济学家鲍尔丁从经济学的角度提出的，他将人类生活的地球比作太空中的宇宙飞船，需要不断消耗有限的资源才能生存下去，如果人类不合理地开发自然资源，肆意破坏环境，当超过地球的承载能力时，就会走向毁灭。只有循环利用资源，才能持续发展下去。

20世纪70年代，发生了两次世界性能源危机。经济增长和资源短缺之间的矛盾凸显，引发人们对经济增长方式的深刻反思。1972年，罗马俱乐部发表了题为“增长的极限”的研究报告，向世界提出了能源极限的警告。同年，联合国发表《人类环境宣言》，提出了人类在开发利用自然的同时，也要承担维护自然的责任和义务。

20世纪80年代，人们开始探索可持续发展道路。1987年，时任挪威首相的布伦特兰夫人在《我们共同的未来》的报告里，第一次提出了可持续发展的新理念，并较系统地阐述了可持续发展的含义。1989年，美国经济学家福罗什在《加工业的战略》一文中，首次提出工业生态学概念，即通过产业链上游的“废物或副产品”，转变为下游的“营养物”或原料，从而形成一个相互依存，类似于自然生态系统的“工业生态系统”，这为生态园建设和发展奠定了理论基础。

1982年，在巴西里约热内卢召开的联合国环境与发展大会，通过了《里约宣言》和《21世纪议程》，正式提出走可持续发展之路，号召全世界各国在促进经济发展的过程中，不仅要关注发展的数量和速度，更要重视发展的质量和可持续性。德国于1996年颁布了《循环经济和废物管理法》。日本也相继颁布了《促进建立循环型社会基本法》、《资源有效利用法》等一系列法律法规。目前，发达国家在循环经济的发展方面主要从四个层面展开工作：一是企业内部的循环利用，二是企业间或产业间的生态工业系统，三是废物回收和再利用体系，四是社会循环体系。

总之，在人类发展过程中，人们越来越感觉到自然资源并非取之不尽、用之不竭的，生态环境的承载能力也不是无限的。人类社会要不断前进，经济要持续发展，客观上要求转变增长方式，探索新的发展模式，减少对自然资源的消耗和对生态系统的破坏。于是，循环经济便应运而生。循环经济伴随着可持续发展理论而兴起。可持续发展带来生产方式的变革，而这种变革促进了循环经济的发展。循环经济提升了环境保护的高度、深度和广度，提倡并实施将环境保护与生产技术、产品和服务的全部生命周期紧密结合，将环境保护与经济增长模式统一协调，将环境保护与生产和消费模式同步考虑，从资源的开采减量化、生产过程中的再利用到生产后的再循环，全程考虑了经济发展与资源、环境之间的相互协调。

20 世纪 90 年代以后，随着环境革命和可持续发展战略成为世界潮流，将清洁生产、资源综合利用、生态设计和可持续消费等融为一体的循环经济战略思想开始形成，并正在成为环境与发展领域的一个主流思潮，得到了广泛的关注和研究。循环经济把清洁生产和废弃物的综合利用融为一体，它要求物质在经济体系内多次被重复利用，进入系统的所有物质和能源在不断进行的循环过程中得到合理和持续的利用，达到生产和消费的“非物质化”，尽量减少对物质特别是自然环境的消耗；又要求经济体系排放到环境中的废物可以为环境同化，并且排放总量不超过环境的自净能力。循环经济实现“非物质化”的重要途径是提供功能化服务，而不仅仅是产品本身，要做到物质商品“利用”的最大化，而不是消费的最大化，并在满足人类不断增长的物质需要的同时，大幅度地减少物质消耗。循环经济是一种系统性的产业变革，是从追求产品利润最大化向遵循生态可持续发展能力永续建设的根本转变。由循环经济的内涵可以归纳出三点基本评价原则：减量化、再利用、再循环（reduce、reuse、recycle），即“3R”原则。减量化、再利用、再循环原则在循环经济中的重要性并不是平行的，循环经济并不是简单地通过循环利用实现废弃物再生资源化，而是强调在优先减少资源能源消耗和减少废物产生的基础上，综合运用“3R”原则。“3R”原则的优先顺序是：减量化—再利用—再循环。

减量化原则是循环经济的第一个原则。它是指在生产和服务过程中，尽可能地减少资源消耗和废弃物的产生，核心是提高资源利用效率；它要求在生产过程中通过管理技术的改进，减少进入生产和消费过程的物质和能量流量，因而也称为减物质化。换言之，减量化原则要求在经济增长的过程中为使这种增长具有持续的和与环境相容的特性，在生产源头的输入端充分考虑节省资源、提高单位生产产品对资源的利用率、预防废物的产生，而不是生产废物后再进行治理。

再利用原则是循环经济的第二个原则。它提倡尽可能多次以及尽可能以多种方式使用人们所买的东西，产品多次利用或修复、翻新或再制造后再利用，尽可能延长产品的使用周期，防止产品过早地成为垃圾；要求产品和包装容器能够以初始形式被多次使用，而非一次性使用。通过再利用，人们可以防止物品过早地成为垃圾。

再循环原则为循环经济的第三个原则。这个原则是尽可能多地再生利用或资源化。再循环原则要求生产出来的物品经过消费（生产性消费或生活性消费）后，能重新变成可以利用的资源和能源而不是垃圾废物；要求尽可能地通过对“废物”的再加工处理（再生）使其作为资源再次进入市场或生产过程，以减少垃圾的产生；要求将废弃物最大限度地转化为资源，变废为宝，从而既可减少自然资源的消耗，又可减少污染物的排放。从目前情况看，再循环的途径有两种：一种是再生利用，如废铝变成再生铝，废纸变成再生纸；另一种是将废弃物作为原料，如电厂粉煤灰用于生产建材产品、筑路和建筑工程，城市生活垃圾用于发电等。

进入 21 世纪，为了使我国走上可持续发展之路，国家做出了“发展循环经济、建设节约型社会”的重大战略决策。这是科学发展观的具体体现，是中华民族实现人与自然和谐发展的根本要求。

21 世纪头 20 年，我国钢铁、有色金属、石油石化、水泥等高耗能产品的需求将继续增加，汽车和家庭电器大量进入家庭，加快全面建成小康社会进程，保持经济持续快速增长，资源消耗的增加是难以避免的。为了减轻经济增长对资源供给的压力，必须大力发展循环经济，促进资源的高效利用和循环利用。

目前我国对生态环境的重视程度和保护环境的措施与法律日益完善，但是生态环境总体恶化的趋势尚未得到根本扭转，环境污染还是比较严重的。大量事实表明，水、大气、固体废弃物污染的大量产生，与资源利用水平较低密切相关，同粗放型经济增长方式存在内在关系。大力发展循环经济，推行清洁生产，可以将经济社会活动对自然资源的需求和生态环境的影响降到最低限度，以最少的资源消耗、最小的环境代价实现经济的可持续增长。另外，发展循环经济，可以逐步使我国出口产品符合资源、环保等方面的国际标准，减少非关税壁垒。

总之，发展循环经济有利于形成节约资源、保护环境的生产方式和消费模式，有利于提高经济增长的质量和效益，有利于建设资源节约型社会，有利于促进人与自然的和谐，充分体现以人为本、全面协调、可持续发展的本质要求，是实现全面建成小康社会宏伟目标，建设节约型、环境友好型社会的必然选择。循环经济的概念正在从不同的角度、以不同的方式向传统制造业发起挑战。

第二节　制造业的循环经济

制造业是为国民经济发展提供生产设备的战略性产业，素有“工业母机”

之称。制造业在我国已居主导地位。

据美国能源部报告预测，全球能源消耗未来 20 年将增加六成；在对环境的影响方面，造成全球环境污染的 70%以上的排放物来自制造业，它们每年约产生 55 亿吨无害废物和 7 亿吨有害废物，自然资源和环境正陷入日益严峻的困境。

世界制造业在向中国转移。据 2012 年 11 月 28 日《环球时报》的数据，在我国，装配电脑整机所需零配件，95%以上可在东莞市采购；格兰仕微波炉的销售规模占全球市场的 35%；江苏电脑鼠标的年产量占全球总量的 65%；早在 1995 年，全球彩电销售量的四成在我国生产，而复印机更达到六成。

废旧产品成为一个新的环境污染源，人类生存环境正面临日益增长的机电产品废弃物的压力，以及资源日益匮乏的问题。制造业虽是国民经济的支柱产业，在创造辉煌的同时也是消耗资源、浪费资源的大户，是环境污染的主要源头。

为了贯彻国家做出的“发展循环经济、建设节约型社会”的重大战略决策，以科学发展观为指导，实现建设资源节约型社会的发展目标，发展循环经济是基本原则，节约资源和能源是核心目标，在制造业中贯彻落实循环经济是最有效的手段。

2004 年中国工程院院长徐匡迪提出，在循环经济的“3R”原则中要增加一个“R”，即 remanufacture（再制造），即“4R”（reduce—减量化，reuse—再利用，recycle—再循环，remanufacture—再制造）战略。这里的再制造可称为“绿色制造”，它赋予废旧资源更高的附加值，以尽可能少的资源和能源消耗，尽可能多地满足社会发展的需求，使废旧资源中蕴含的价值得到最大限度的开发和利用。

为了缓解资源短缺与资源浪费，减少大量失效、报废产品对人类的危害，变废为宝，使废旧产品得到最大限度的利用，绿色再制造工程在国际上应运而生，并成为发展最快的新型研究领域和新兴产业。在来自环境、资源、顾客、法律和税收等方面的压力和挑战面前，制造业实行绿色制造势在必行。

绿色制造的概念最早由美国制造工程师学会（SME）提出，该学会 1996 年发表的 SME 蓝皮书——*Green Manufacturing*，提出过绿色制造的有关定义。绿色制造的定义如下：绿色制造是一种综合考虑环境影响和资源效率的现代制造模式，其目标是使得产品在从设计、制造、包装、运输、使用到报废处理的整个产品生命周期中，对环境的影响（副作用）为零或极小，尽可能地节约资源，并使企业经济效益和社会效益协调优化。从通俗和实践角度讲，绿色制造是对投入使用后的产品，为保持、恢复其可用状态或加以重复利用所采取的一系列技术措施或工程活动，如修复、改装、改进或改型、回收利用等。

从以上定义可以看出，绿色制造要综合考虑制造、环境和资源这三大领域。绿色制造是现代制造业中的循环经济的发展模式，或者说循环经济在制造业中的体现。它是一个面向产品全生命周期的大概念，要求在产品全生命周期内，实现资源优化、环境影响最小。

第三节　产品循环再利用的发展状况

20 世纪 70 年代，发达国家迫于资源、环境危机，开始大力发展资源再生产业，逐渐发展成号称“第四产业”的再生资源产业，在整个经济上升时期，再生资源产业支撑着基础工业的原材料供应、物资调剂工作，并承担着解决大批的低文化水平民众就业问题的重任。据统计，目前世界上主要发达国家的再生资源回收总值已达到一年 5000 亿美元，并且以每年 15%～20%的速度增长。德国作为发达国家中废旧物回收率最高的国家，提出创造“无垃圾社会”的目标，要求所有产品从包装品到产品报废后的处理，均不得产生垃圾。美国从事再生资源产业的人员超过 100 万人，年回收总值达 1000 亿美元，年出口废钢铁 1500 万吨，占世界的 30%，出口废纸 1000 万吨，占世界的 40%，还有 140 多个垃圾填埋煤气场，平均每个场装有 50 台内燃发电机。在日本，人们把将废旧物转换为再生资源的企业形象地归入“静脉产业”（邓小华和周恭明，2004）。

随着我国经济的持续快速增长，能源资源紧缺压力不断加大，对经济社会发展的瓶颈制约日益突出。为解决资源短缺的问题，国家积极加快发展循环经济，着手制定了《废旧家电及电子产品回收处理管理条例》等，尤其是在《中共中央关于制定国民经济和社会发展第十二个五年规划的建议》中明确提出：大力发展循环经济。以提高资源产出效率为目标，加强规划指导、财税金融等政策支持，完善法律法规，实行生产者责任延伸制度，推进生产、流通、消费各环节循环经济发展。加快资源循环利用产业发展，加强矿产资源综合利用，鼓励产业废物循环利用，完善再生资源回收体系和垃圾分类回收制度，推进资源再生利用产业化。开发应用源头减量、循环利用、再制造、零排放和产业链接技术，推广循环经济典型模式。

废旧产品是一种丰富的资源，对它进行高效、高价值再利用，会极大地延缓自然资源的消耗速度，减少环境污染，有助于社会、经济的可持续发展。回收价值不仅体现在其本身的回收收益上，而且体现在节约资源和能源的潜在收益上。重新使用零部件和材料可降低成本，如镓、锗、硅等电子材料生产成本很高，循环利用这些材料具有很好的经济效益，从印刷电路板（PCB）元器件中提炼上述元素的多种工业方法已被提出。

各国对废旧产品的回收都有相应的措施。1998 年欧盟委员会完成了《废旧电子产品回收法》。2003 年 2 月 13 日，欧盟完成了《废旧电子电器设备指令》(WEEE 指令) 和《限制某些有害物质在电子电器设备中使用指令》(ROHS 指令)。2003 年 2 月 13 日，欧盟正式颁布处理废弃电子产品指导法令，在其《官方公报》上公布了《报废电子电器设备指令》和《关于在电气设备中禁止使用某些有害物质指令》，明确要求欧盟所有成员国必须在 2004 年 8 月 13 日以前将此指导法令纳入其正式法律条文中；要求成员国确保从 2006 年 7 月 1 日起，投放于市场的新电子和电器设备不包含铅、汞、镉、六价铬、聚溴二苯醚和聚溴联苯等 6 种有害物质。法令还规定，所有在欧盟市场上生产和销售便携式计算机（笔记本电脑）、台式计算机、打印机、中央处理器（CPU）、主机、鼠标、键盘、手机等业者，必须建立完整的分类、回收、复原、再生使用系统，并负担产品回收责任。

德国起草了《关于防止电子产品废物产生和再利用法》（草案）。电子产品应使用对环境友善和可再生的材料；应设计容易维修、拆卸的产品；应建立回收系统，寻找再利用的途径；不能再生的元件应使用适当的废物处理设施进行处置。德国 1994 年公布、1996 年实施的《循环经济法和废物处置法》，首先就是要控制废弃物的产生，其次是推进再利用和能量回收，尽可能减少最终的废弃物填埋量。自颁布《循环经济和废物处置法》以来，德国家庭废弃物循环利用率从 1996 年的 35%上升到 2000 年的 49%。目前废弃物处理已成为德国经济中的一个重要产业，每年的营业额约 410 亿欧元，并且创造了 20 多万个就业机会。

日本国会针对机电产品等废弃物再生利用，专门颁布了《资源回收管理促进法》。为了促进机电产品的回收利用，日本不断学习德国等西欧各国的经验。日本政府通产省制定了主要用于汽车工业促进资源回收利用的条例，并已回收废旧车辆的 75%。

美国有禁止填埋废电器的规定及其他对废电器处理的限制。目前，美国已能对废旧机电产品总数量的 75%的零部件进行回收再制造。全美有近 2 万个废旧机电产品零部件回收商。他们将废旧机电产品的零部件拆下来，检验后将未达到报废标准的零部件加以整修和翻新，然后重新出售。美国对机电产品上各种材料的回收，都有成果和专利问世。机电产品回收业已发展成为一个年获利近百亿美元的新产业。

在我国，国家发展和改革委员会已经颁布《废旧家用电器回收处理管理条例》，原信息产业部制定了《电子信息产品污染管理方法》，原国家环境保护总局制定了《废旧电器及电子电器产品污染防止防治政策》等，这些法规和措施的颁布，将使我国的废旧产品行业逐步得到规范。

废旧家电及电子废弃物中含有的大量资源，如金属、塑料、玻璃和其他物质，具有极高的综合回收利用价值。通过正确的处理，不仅可以有效地解决电子垃圾的污染问题，而且还可以获得宝贵的资源财富和经济价值。例如，一台电视机中玻璃材料约占53%，金属材料约占16%，有价物所占比例为69%；电冰箱和洗衣机的材料构成相似，金属材料等有价物比例，电冰箱约为54%，洗衣机约为58%。做好废旧产品的回收，对环境、对经济都有很大的贡献。

随着废旧产品的日益增多和政府法规的日趋完善，产品的循环再利用成为产品全生命周期工程的一个重要阶段，产品的回收工程支持制造业的循环经济理论，从环境保护及资源的再生利用等角度出发，要求企业对产品的回收进行监督和管理。

近年来基于资源节约、发展循环经济的需要，对回收再利用的研究主要集中于以下几个方面：① 产品设计。从产品的源头研究面向拆卸、再利用的设计。② 拆卸方案和回收工艺路径和优化系统。研究废旧产品回收后的拆卸方案、回收级别判断和回收工艺路径、优化系统和相关软件开发等。③ 逆向物流的研究。研究回收模式、选址和回收网点的整合优化等。④ 再制造工程。主要包括再制造质量控制管理、生产计划和库存控制、再制造技术、再制造环境分析、成本分析、市场策略、再制造综合评价等。⑤ 材料回收和废物处理的技术的研究。

现有的关于产品循环再利用的研究取得了重要成果和进展，特别是关于逆向物流和再制造方面的研究，受到国内外学者的高度重视。关于产品循环再利用的研究主要表现在以下几个方面：

(1) 关于产品级的再利用级别的研究。较多的国内外有关回收级别判断的文献论述到回收的第一优先级是产品级的再利用，其次是零部件再利用、再制造、材料回收、焚烧和填埋。

(2) 关于产品级的再利用的经济学分析。Geyer和Blass（2010）研究了美国和德国的手机等电子产品逆向物流中重用和回收的现状，分析了再利用的经济效用和社会效用；杨忠直（2007）以具有相同功能的新产品作为比较基准，从经济学角度通过构造社会效用函数建立了再利用产品的市场选择模型，研究发现只有降价政策能促进再利用产品的购买，提高社会效用。

(3) 关于再利用的逆向物流研究。Akram和Dominique（2011）、Theresa和Zelda（2011）等研究了包装物再利用的回收模式、网点设计和物流信息管理等物流构建问题；岳辉研究了以啤酒瓶为主的再利用物品逆向物流的网络构建问题。

(4) 关于再利用产品的正规回收和消费问题的研究。Matsumoto等（2009，2010）指出，日本近几年非常重视对产品和零部件的重用，调查了日本二手图书、汽车、汽车零部件、墨盒和液晶面板的重用公司的主要业务和再利用产品的消费问题。他们提出政府有必要解决停用产品的正规回收问题，鼓励计算机在全球的重用，一方面解决资源环境问题，另一方面再利用物流是劳动密集型行业，可以提供就业机会。吴刚等（2010）研究了循环经济下再生资源的规范回收行为问题，指出二手家电消费属于再利用，对循环经济发展具有重要意义。必须对二手家电的流通过程，特别是针对可能存在的安全隐患，进行充分的引导和监督。研究也表明，安全问题和质量问题是影响二手家电消费最现实的因素。William 等（2010）提倡绿色消费，包括消费再利用产品。

（5）关于二手市场、二手产品定价和保修期等问题的研究。主要包括：①二手市场的逆向选择问题。Akerlof（1970）开创性地从质量的不确定性和市场机制入手，研究了柠檬市场形成机理，建立了一个简单的模型并阐明信息不对称导致的“逆向选择”，以及它如何影响市场的有效运作问题，以旧车市场为例说明了问题的本质。李承煦（2008）从消费者角度出发，对整个耐用品市场的均衡进行了研究，得出了在一定条件下，消费者即使信息不完全也不一定出现逆向选择，并且市场均衡也可能不唯一的结论。②二手产品定价和寿命周期问题。Antonio 等（2006）研究了二手市场的存在对耐用品寿命周期的影响。Omar 等（2008）研究了二手市场的产品价格和耐用品寿命周期的关系，建立了最佳的二手市场的产品定价模型。③二手产品保修问题。Mohammad 等（2009）应用虚拟年龄方法和筛选试验方法研究了二手产品的保修政策和不同销售策略，从经销商的角度研究了提高二手产品可靠性的有效方式。二手产品经过质量评估可流通再利用的，属于再利用产品，关于二手产品和市场的研究成果为再利用产品的研究奠定了技术基础，但需站在资源节约的高度对二手产品和市场的研究目标与研究方法作进一步改进和完善。

综上所述，产品循环再利用是节约资源和保护环境的重要手段之一，产品的再利用问题逐渐受到国内外学者的关注和重视，而不只是对再制造的关注。主要原因如下：

（1）产品循环再利用延长了产品在市场中的寿命周期，增加了产品的使用价值，存在节约资源和能源的潜在好处，直接重用或维护后重用产品是一种最经济的回收方式。

（2）减少了废弃物对环境的污染，原有成分保留得越多，则对环境的影响越小，同时节约了拆卸成本和再制造成本，产品循环再利用是产品回收的第一优先级。

（3）经典产品的设计和面向升级换代的设计给产品的再利用提供了可能性，合理延长产品的使用寿命是增加产品绿色性的关键环节。

（4）产品循环再利用存在于实践中，在中国，手机、冰箱、汽车和计算机等耐用品二手市场活跃，在国外也是如此。我们需要对再利用模式、再利用产品的质量评估和管理、定价、产品设计和再利用价值等问题做系统的研究，以指导和规范当前“二手”产品的加工、销售和使用。

另外，产品的循环再利用方式应该结合中国的国情和历史文化背景。再制造是资本和技术密集型的产业，中国是发展中国家，崇尚节约的美德，有大量的农民等低收入人群，产品的再利用的实践大量存在着，产品的再利用相对于再制造来说是劳动密集型的产业。产品重用一方面能解决资源环境问题，另一方面可以提供就业机会。因此，迫切需要对产品再利用这种高层次资源化方式进行研究，关于该制造模式的研究将为相关的制造技术提供理论指导依据，具有较高的社会效益和较好的市场应用前景。现已初步构建了产品循环再利用运作管理的体系框架，包括再利用产品质量判断、产品循环再利用质量改进设计、产品循环再利用价值分析、产品循环再利用的博弈分析、基于产品循环再利用的资源节约型生产与消费模式等，当前在这 5 个方向上取得了一些成果。

第四节 产品循环再利用概念模型

产品循环再利用是产品回收的第一优先级，是实现循环经济的重要功能之一。产品循环再利用是指停用后的产品经回收级别判断后，可继续向用户维、任务维、等级维或地域维等寻求新的市场，整个产品直接投入再利用或维护后再利用。以这样的方式运作的产品，称为再利用产品。

根据国内外的研究，废旧产品的回收类别可分为再利用、材料和能量的回收、没有使用价值的掩埋。再利用又可分为产品循环再利用和零部件的再利用。再利用产品因为其材料和循环的优先级别应该在产品回收后得到优先利用。其中产品循环再利用又是再利用级别中最为优先的再利用。那么在废旧产品的分析中，首先要考虑确实没有产品级别的再利用价值后，才能依次考虑其零部件的再利用价值，然后再进行传统的回收级别判断。这样也满足了环境保护和产品回收流程的科学性。

目前对废旧产品的回收利用状况，根据废旧产品的使用状况和特点，回收过程可以在不同层次进行，按其优先级别可依次排序为再利用、再制造、材料回收和处理处置。废旧产品的循环利用模型如图 1-1 所示，回收的层次有：

（1）产品循环再利用。它可分为直接再利用和维护后再利用。

（2）零部件级再利用和再制造。产品拆卸后，零部件可再直接重用或移用于产品的维修，实现零部件的循环使用要求不同的产品之间实行标准化设计。

（3）材料回收。材料回收是产品的材料、零部件回炉熔炼的材料可作为生产用的原材料循环再利用，处理的能量可回收。

（4）能量回收。没有任何利用价值的废弃物采用焚烧技术使其无害化、减量化和固态化，焚烧过程中产生的能量也可回收利用。

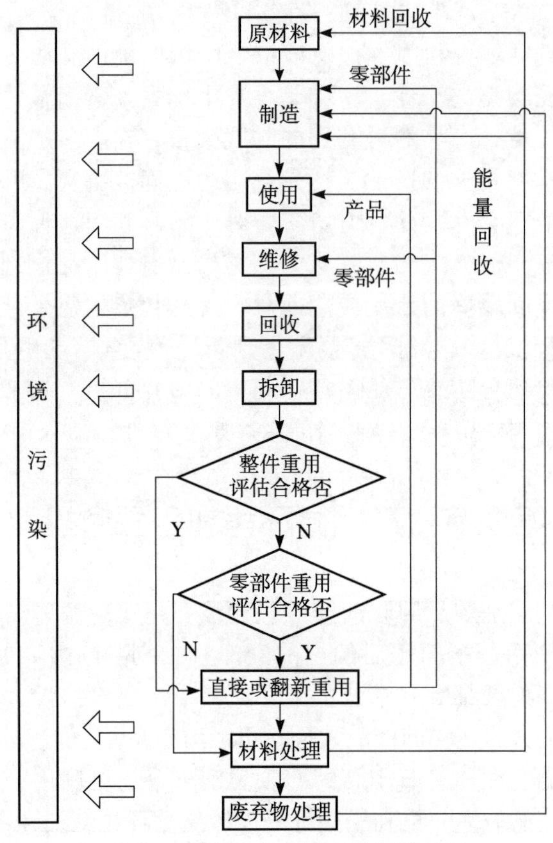

图 1-1 废旧产品循环利用模型

(5) 埋置。这是指将废弃物填埋在土地中。填埋过程中必须采取措施防止渗漏、扩散，防止对周边地区造成环境污染。这是最后不得已采用的处理方法。

市场的飞速发展和产品创新的不断革新，使得消费者的需求越来越多样化、个性化，使用产品的周期越来越短，产品的寿命周期也越来越短。有些产品在并不丧失原有的使用功能且没有达到设计的寿命期限时便因被更新、更流行的产品取代而被停止使用，并没有真正报废。而再利用产品可以延长产品在市场上的寿命周期，增加产品的使用价值，同时可以减少废弃物的污染，节约拆卸成本和再制造成本。所以，对再利用产品的研究非常重要和必要。产品循环再利用主要是对回收产品整体利用方面进行研究，其研究的对象就是再利用产品。可由专家根据其产品设计、制造和前用户使用阶段的信息与技术状态认定是否可再利用，如何为产品寻找新的服务对象和领域。

我们定义产品循环再利用的概念如下：产品循环再利用是指停用后的产品经回收级别判断后，可继续向用户维、任务维、等级维或地域维等寻求新的市场，整个产品直接投入再利用或维护后再利用的过程。如图 1-2 所示。

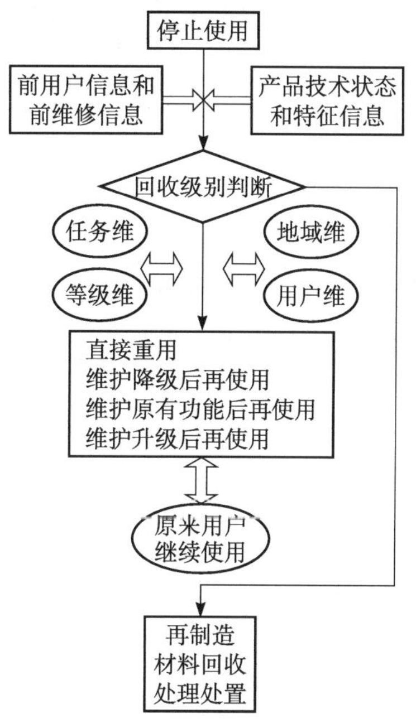

图 1-2　产品循环再利用概念模型

本研究以产品循环再利用概念模型为基础，根据产品的技术状态和以前用户提供的信息以及历史维修状况，把为产品循环再利用寻找新的用户作为分析目标，得到产品循环再利用的五种发展模式：

(1) 原用户继续使用。消费者需要的是产品所提供的功能（服务），企业承担了该产品整个产品使用周期内的维护和维修，使产品不断得到更新，以服务替代产品，就会增加用户继续使用的可能性。

(2) 任务维发展。产品可持续发展任务维着重考虑为社会、工程、军事等多领域服务的产品的应用性发展问题。例如，应用于军事领域的高技术产品停止使用后，可直接或维护后再服务于工程或民用。

(3) 等级维发展。产品根据其技术要求和指标可分为高、中、低等不同等级。高等级的产品在停止使用后，可以考虑降级使用。

(4) 地域维发展。产品在某些先进的地区和国家停止使用后，产品的各项指标仍在较落后的地区同类产品基准指标之上，可继续使用。

(5) 用户维发展。产品在不同层次的用户之间可实现其持续发展，可通过生产企业、分销商、回收公司或者用户和用户之间直接交易。正在全球兴起的电子商务为其提供了便利。

产品循环再利用方式可以分为四种：第一种是产品保留其最初设计的全部

功能，不被现有顾客群所接受，但可以在其他可持续发展方式被再利用用户所接受，称为直接重用产品；第二种是产品整体质量表现良好，但有一些部件由于各种损耗，必须通过维护后才可以再一次进入市场，称为维护恢复原有功能再利用产品；第三种是按照低级别可持续发展方式和再利用用户的需求，再利用产品维护降级后再利用；第四种是按照高级别的可持续发展方式和再利用用户的需求，再利用产品维护升级后再利用。再利用产品的特征如下：①耐用型产品；②某些功能受到损坏或已不为现有用户所接受；③标准件组成，各部件均可更换；④剩余价值较高，且再利用的成本低于剩余价值；⑤产品的各项技术指标稳定；⑥顾客认同并且能够接受再利用产品。

第二章 再利用产品质量判断

第一节 概　　述

产品循环再利用采取何种方式进行，应由产品停止使用后的技术状态和特征信息，以及再利用的服务领域和对象共同决定。基于此，对停止使用后回收的产品，首先应根据前用户信息和前维修信息及产品技术状态和特征信息，从经济效益、环境影响和技术性能等方面对停用的产品进行质量判断。进行质量判断需要选取一定的评价指标和评价方法，还要根据需要对产品的某一方面进行特定的判断。质量判断可以从技术方面定级，也可以从经济效益、环境等方面进行定级。但是，基于回收企业在市场竞争中赢利的目的，再利用产品应尽可能地满足顾客需求，即需要对回收产品质量进行改善。因此，如何判断再利用产品的质量等级，以便有针对性地进行处理，就是再利用产品研究中的重要问题。

从理论架构来看，提出再利用产品的质量判断有以下原因：

(1) 一方面，需要寻找一种提高再利用产品质量的方法，以最大限度地提高其利用率。另一方面，在当今市场竞争日趋激烈的形势下，企业间的竞争归根到底是产品质量的竞争，再利用产品要在竞争中以质取胜，就必须不断提高产品的质量，而要达到此目的，关键在于如何做好质量控制。但是，现有的对回收产品的研究主要集中于回收产品设计、拆卸方案及废物处理等技术方面的研究，而对回收产品质量方面关注较少，难以对再利用产品整体利用起到指导性的作用。

(2) 对再利用产品的质量判断主要集中在各种技术状态上，而产品的各种技术共同体现了产品的质量，因此对再利用产品进行质量判断是可行的。

(3) 对再利用产品的质量判断，主要是对整件进行判断。首先从产品级角度判断其是否合格，进行初步分类，然后对可通过维护后再利用的产品从零部件级再进行比较细致的划分，并提出改进意见或改进方向，从而提高了再利用产品的可利用程度。

(4) 在再利用产品质量判断方法中引入顾客需求。如果回收产品可以通过维护后再利用，则需要按照再利用用户的需求对产品进行维护，将顾客需求转换为产品开发的技术需求，以满足和提高用户对旧产品的满意度。这样就从质量保证的角度出发，提高了产品的最终质量。

再利用产品质量判断的前提是确定再利用产品的质量特性。停用后的产品技术状态模糊，有些质量特性很难确定，如二手汽车的评估中安全性的确定。但只有正确确定了再利用产品的每项质量特性，才能综合判断评估再利用产品的质量，确定再利用方式，给经销商和消费者以指导。当然，也可以利用专家的经验和智能，用模糊综合评价来确定再利用产品的质量特性，模糊综合评价应用模糊数学的理论与方法，较好地处理了决策中的模糊性信息，在计算机软件工程、软科学的研究及工程设计中均得到了广泛的应用。

质量判断方法的选取对判断再利用产品质量的真实性起决定作用。层次评价法和模糊层次评价法、多层次模糊综合评价法的前提是准确地确定各层指标的权重，一般由某个专家决定，其缺点是人为因素太多，客观性、科学性不强，可操作性差，因此不利于对事物进行客观评价。粗糙集理论根据部分专家意见客观决定权重，虽然使评价结果有了很大改进，但忽略了顾客在产品选择上的决定性作用，显然不够全面。模糊综合评价方法对不确定的定性指标进行评价是一个很好的方法，其指标取值的表达和衡量中用 0 到 1 之间的一个实数去度量，但忽略了再利用产品中技术状态的可度量性。可拓评价法对回收产品进行等级评价时，只能对产品进行逐级判断，这样势必浪费大量的宝贵时间，黄建新等（2005）对产品进行的修理级别判断主要是通过经济性和非经济性分析来完成的，而忽略了产品在再利用中所表现出来的技术特性；常用的概率统计方法对回收产品的生命周期进行评价有一定的效果，但产品的质量是一个由多种技术特性组成的复杂系统，应用该方法的缺点是：一方面数据获取比较困难，另一方面对产品的判断不够准确。

本书所研究的再利用产品属于物质产品，其质量特性包括性能、寿命、可信性、安全性和经济性。在进行质量判断时，应当将这些质量特性综合起来考虑，因此可将再利用产品的质量看成是一个由多种技术特性组成的系统，再对其质量进行判断。上述方法各有其特点，但是都不能对多个产品同时进行评价，这对回收的大批量产品是个不利的因素。相比之下，数据包络分析（DEA）方法以其独特的优势，更能满足再利用产品质量判断的要求。因此，本章采用 DEA 方法进行质量判断，同时引入顾客需求作为评价的依据和标准，既可以克服以上方法的不足，又能对多件产品进行相对性比较。

DEA 在再利用产品质量判断方面有以下优点：

(1) DEA 对各输入、输出指标的量纲没有统一要求，可以直接应用反映决策单元各方面特点的真实数据作为输入、输出值，在“黑箱”之下对系统进行评价，从而避免了在判断过程中全部依靠专家评分结果来判断产品质量所带来的偏差。

（2）DEA可以处理多输入、多输出决策单元的相对效率评价问题。对停用后可再利用的产品进行判断，所选用的指标都是多输入、多输出指标，因此针对性很强。

（3）DEA不必事先设定决策单元的具体输入输出函数，排除了许多主观因素，因而具有很强的客观性。

（4）DEA在测定若干决策单元的相对效率时，注重的是对每一个决策单元进行优化，所得出的相对效率是其最大值，是最有利于该决策单元的相对效率。

（5）对于非有效决策单元，DEA不仅能指出有关指标调整的方向，而且能给出具体的调整量。

根据DEA方法建立最大化顾客满意程度和最大化技术特征集表现度的数学规划模型，实现了顾客需求域到技术特征域的映射，从而确定出质量决策中需重点考虑的技术特征项，从中提取出输入、输出指标。同时，虚拟最优决策单元体现了顾客对再利用产品可接受的标准值，虚拟最差决策单元体现了回收企业和专家所确定的产品维修的最低标准，为判断再利用产品的质量有效性提供了参考。目前对再利用产品的质量研究比较少，质量判断环节的研究比较薄弱。因此，本章通过分析DEA在再利用产品质量判断上的优点，将其用于再利用产品的产品级和零部件级的质量判断上，从质量工程技术的角度保证了产品的质量。

本章在对再利用产品进行质量判断过程中使用的具体研究方法如下：

（1）建模设计。建立DEA线性规划模型，并在优化改进中寻找其最佳结构。

（2）重视系统分析。以系统科学的思想指导DEA模型的改进，研究影响因素间的内在联系，确定各决策单元的相对有效性，探讨建立基于有效性顺序的再利用产品质量改善方法。

（3）理论研究与案例分析相结合。将研究工作与具体再利用产品的质量实际相结合，运用质量判断的相关理论，将产品的质量看成是由多种技术特性组成的系统，采用DEA相关理论建立了再利用产品质量判断的定量评估模型，并对回收的水泵进行了DEA有效性判断，对非DEA有效的产品提出了改进措施或改进方向，使DEA在实践中丰富和完善，得出具有科学性和实用性的成果。

第二节 再利用产品质量特性的确定

一 再利用产品的质量特性

人们对质量概念的认识是一个不断变化的过程。早期的质量仅仅是“不出错”。第二次世界大战期间质量概念发展为符合性。所谓符合性，就是与规范或要求的符合程度。美国质量管理学家克劳斯比（Philip Crosby）是其代表人物。这是质量管理史中“符合标准”（fitness to standard）时期所提倡的观念。朱兰（Dr. J. M. Juran）从顾客的角度出发，提出了适用性观点。他认为：“任何组织的基本任务都是提供能满足用户要求的产品。”田口玄一（Taguchi）说：“质量是指产品出厂后对社会造成的损失大小，包括由于产品技能变异对顾客造成的损失以及对社会造成的损害。”后两者都是从用户角度出发，以“用户第一”为指导思想，显然比“符合规范”的要求要高。戴明（Deming）认为：“质量是低成本下的可预测的吻合度与可靠性和符合市场要求。”这种观点把质量与成本联系起来，即一定的质量要与相应的成本相适应（杨青，2008）。

在这些概念的基础上，形成了 ISO 9000 的 2000 版的质量概念，即“产品、体系或过程的一组固有特性具有满足顾客和其他相关方要求的能力”。这个定义是一种比较严密的表述，“产品”是指过程的结果，而“过程”是指使用资源将输入转化为输出的活动系统的运作；“要求”可以是明示的、习惯上隐含的或必须履行的需求或期望。

质量概念的关键是“满足要求”，这些“要求”必须转化为有指标的特性，作为评价、检验和考核的依据。由于顾客的需求是多种多样的，因此，反映质量的特性也应该是多种多样的。另外，产品类别不同，质量特性的具体表现形式也不尽相同。

对于再利用产品，其质量特性同新产品的质量特性一样，但是表征质量状况的技术水平与新产品相比较显然较差，因此需要用科学的方法确定再利用产品的质量特性。

二 用模糊综合评价法确定再利用产品的质量特性

对于某些再利用产品的定性的质量特性，可以组织专家用模糊综合评价方法来确定。比如，对产品的可靠性给出模糊语言值：差、较差、一般、较好和好。用评语集 $V=(v_1, v_2, \cdots, v_5)=(0, 0.25, 0.5, 0.75, 1)$ 代表这些模糊语言值。

专家给再利用产品质量特性属于这 5 个评语的隶属度，这个隶属度是一个 [0, 1] 之间的一个实数，构成了一个 K 个专家所给该质量特性的评语矩阵 $\underset{\sim}{R}$：

$$\underset{\sim}{R}=\begin{pmatrix} r_{11} & r_{12} & \cdots & r_{15} \\ r_{21} & r_{22} & \cdots & r_{25} \\ \vdots & \vdots & & \vdots \\ r_{K1} & r_{K2} & \cdots & r_{K5} \end{pmatrix}$$

综合 K 个专家对质量特性的评语 $\underset{\sim}{U}=E\cdot\underset{\sim}{R}=(u_1, u_2, \cdots, u_5)$，合成运算“•”选择 M(•，+) 的模型计算，即

$$u_i=\sum_{k=1}^{K}e_k r_{ki}$$

式中，u_i 为 K 个专家对质量特性每个评语的加权隶属度；$i=1, 2, \cdots, 5$；e_k 为每个评测专家的权重系数；$\sum_{k=1}^{K}e_k=1$，$0\leqslant e_k\leqslant 1$，$k=1, 2, \cdots, K$；$r_{ki}$ 为每个测评专家对每个评语的隶属度。

然后对模糊集 $\underset{\sim}{U}$ 清晰化，同物体的重心反映了重量集中的地方一样，采用模糊集 $\underset{\sim}{U_i}$ 的重心刻画模糊集的隶属度在评语集内集中的地方，因此用模糊集的重心来刻画专家对质量特性的评价，即

$$p=\frac{\sum_{i=1}^{5}u_5 v_5}{\sum_{i=1}^{5}u_5} \tag{2-1}$$

三 对模糊综合评价法的改进

用模糊综合评价确定再利用产品的质量特性，是一种利用专家经验和智能的方法。但是在决策每个质量特性时，每个专家须给出从 0 到 1 每个模糊语言的评语，即隶属度，可能互相之间的判断会出现偏颇，可操作性差。为了进一步提高决策的准确度和可操作性，我们对模糊综合评价法进行改进，分为两个阶段。

第 1 阶段，在评测专家里选出 1 位权威专家，权威专家在 $V=(0, 0.25, 0.5, 0.75, 1)$ 的 5 个语言值中必须而且只能选取一个语言值；

第 2 阶段，对于每个语言值，用模糊集来描述，如前提到的差、较差、一般、较好、好，它们对应的模糊集规定为 $\underset{\sim}{V_1}=(0, 0.125, 0.25)$，$\underset{\sim}{V_2}=(0, 0.125, 0.25, 0.375, 0.5)$，$\underset{\sim}{V_3}=(0.25, 0.375, 0.5, 0.625, 0.75)$，$\underset{\sim}{V_4}=(0.5, 0.625, 0.75, 0.875, 1)$，$\underset{\sim}{V_5}=(0.75, 0.875, 1)$。

对于模糊集内的每个元素对应一个隶属度，即 $\underset{\sim}{V_1}=(0/u_1, 0.125/u_2, 0.25/u_3)$，$\underset{\sim}{V_2}=(0/u_1, 0.125/u_2, 0.25/u_3, 0.375/u_4, 0.5/u_5)$，$\underset{\sim}{V_3}=(0.25/u_1, 0.375/u_2, 0.5/u_3, 0.625/u_4, 0.75/u_5)$，$\underset{\sim}{V_4}=(0.5/u_1, 0.625/u_2, 0.75/u_3, 0.875/u_4, 1/u_5)$，$\underset{\sim}{V_5}=(0.75/u_1, 0.875/u_2, 1/u_3)$。其余的普通专家按权威专家确定的语言值，用模糊综合评价法在相应的模糊集内给出评语。用模糊集的

重心来刻画专家对质量特性的评价，即

$$p=\frac{\sum u_j v_{ij}}{\sum u_j} \tag{2-2}$$

因此建立改进后的模糊综合评价模型，如图 2-1 所示。

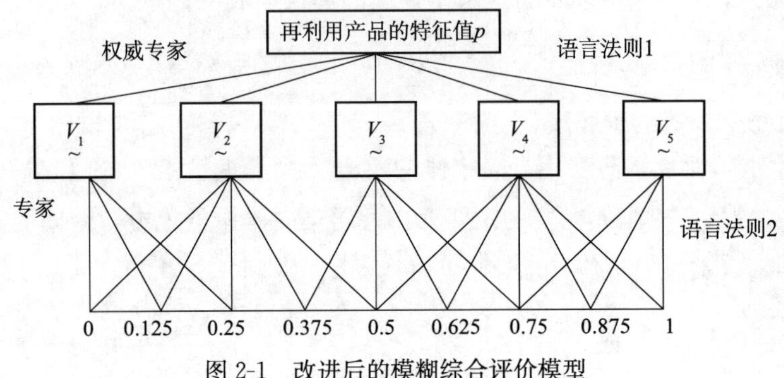

图 2-1　改进后的模糊综合评价模型

在模型中规定：

语言规则 1　首先把 $\underset{\sim}{V}_i$ 视为 0，1 变量，$\sum_{i=1}^{5}\underset{\sim}{V}_i=1$，权威专家在 $V=$（0，0.25，0.5，0.75，1）5 个语言值中必须而且只能选取一个语言值。

语言规则 2　参评专家给出对应于该语言值的模糊集中每个元素的评语，即隶属度，构成矩阵 $\underset{\sim}{R}$，设 K 位专家的权重分配为向量 E，隶属度向量 $\underset{\sim}{U}=E\cdot\underset{\sim}{R}$，得到模糊集 $\underset{\sim}{V}_i$。

综上所述，改进后的模糊综合评价的算法步骤如下：

step1　设置再利用产品的质量特性；

step2　由权威专家按照语法规则 1 选取一个语言值 $\underset{\sim}{V}_i$；

step3　K 位专家给出对应于该语言值的模糊集中每个元素的评语，按照语法规则 2 得到模糊集 $\underset{\sim}{V}_i$；

step4　按式（2-2）计算质量特性值。

四 案例分析

对某停用后的汽车的安全性能进行鉴定评估，评估组由 5 位专家组成。先用模糊综合评价法评估，根据专家的资历，权重向量 $E=$（0.4，0.1，0.1，0.2，0.2），由 5 位专家给出对应的评语集（差，较差，一般，较好，好），即（0，0.25，0.5，0.75，1）的评语，构成矩阵 $\underset{\sim}{R}$：

$$\underset{\sim}{R}=\begin{pmatrix} 0.10 & 0.70 & 0.20 & 0 & 0 \\ 0 & 0.10 & 0.70 & 0.20 & 0 \\ 0 & 0.15 & 0.45 & 0.50 & 0 \\ 0.10 & 0.60 & 0.30 & 0 & 0 \\ 0.00 & 0.35 & 0.60 & 0.05 & 0 \end{pmatrix}$$

$\underset{\sim}{U}=E\cdot\underset{\sim}{R}=(0.07, 0.625, 0.275, 0.03, 0)$，按式（2-1）计算，$p=0.371$。

为了减少专家鉴定的随意性，提高决策的准确度，用改进后的模糊综合评价法评估，在5位专家中，选第1位专家为权威专家，按照语言法则1确定安全性能为较差，其余4位专家给出对应于该语言值的模糊集中每个元素的评语，即隶属度，构成矩阵$\underset{\sim}{R}$：

$$\underset{\sim}{R}=\begin{pmatrix} 0 & 0.10 & 0.70 & 0.20 & 0 \\ 0 & 0.10 & 0.65 & 0.25 & 0 \\ 0 & 0.15 & 0.65 & 0.20 & 0 \\ 0 & 0.20 & 0.40 & 0.30 & 0.10 \end{pmatrix}$$

$E=(0.17, 0.17, 0.33, 0.33)$，$\underset{\sim}{U}=E\cdot\underset{\sim}{R}=(0.00, 0.13, 0.51, 0.36, 0.03)$，$\underset{\sim}{V_2}=(0/0.00, 0.125/0.15, 0.25/0.58, 0.375/0.24, 0.5/0.03)$，按式(2-2)计算，$p=0.270$。

用后一种方法确定的该汽车的安全性能比第一种方法低0.101，而事实证明该汽车的安全性能较差，后一种方法确定的质量特性值相对准确。

只有正确确定了再利用产品的每项质量特性后，才能综合判断再利用产品的质量。我们对模糊综合评价法做了改进，选出权威专家给出语言值，然后在相应的模糊集内由普通专家用模糊综合评价法确定质量特性，改进后的方法提高了决策的准确度，可操作性较好，更好地利用了专家的经验和智能。改进后的模糊综合评价法也可以应用于对其他信息的决策与判断中，应用条件如下：评价对象较复杂，专家意见不是很统一，有权威专家存在。

第三节　再利用产品质量判断的DEA方法及过程设计

一　再利用产品质量判断的含义

对再利用产品进行何种处理、其处理手段的选取都需要通过产品的级别判断来确定。而产品有没有使用价值主要在于它能否满足现实社会的需求，是否具有一定的质量。因此，我们对再利用产品的级别判断可以转化到判断产品的质量上来，将产品的质量看成是由多种技术组成的复杂系统，相应的质量判断就是对再利用产品的各种技术状态进行判断评价，这就需要了解再利用产品质量判断的具体含义。

产品的质量是由多种技术特性综合而成的，就产品质量判断而言，可以将产品的质量看成一个系统，把产品的质量判断过程看成一个多层次、多指标的综合过程，进而对其进行综合判断。质量判断就是确定产品的质量水平（或质量等级），判断其有效性，即确定产品的质量现状，并确定其是否可用，使企业能够准确掌握产品的质量现状，以便于对再利用产品进行不同手段的处理。本书的质量判断是在对产品进行质量评价的基础上做出有效性判断，并提出改进措施与改进方向的一种方法。

对再利用产品而言，质量判断的特殊性在于：

(1) 质量具有相对性。由于再利用产品在产品生命周期中有损耗，如果对其进行质量判断时只是在同类回收产品中通过排序来获得其质量水平，则只能说明其相对质量，即依据自身的技术现状在其他回收产品中的相对位置。

(2) 需要考虑顾客需求。由于再利用产品质量具有相对性，因此无法客观地体现其质量状况，也无法对其提出改进措施。因此，必须用一个技术标准来衡量产品的相对质量，确定能否再利用。产品最终服务的对象是再利用用户，满足顾客需求也是再利用产品的最终目的，所以，顾客的需求是天然的选择。在再利用产品的质量判断中加入顾客需求，根据顾客需求提供的产品技术标准来判断再利用产品的可用性，更能客观地反映再利用产品的使用价值。

(3) 考虑企业效益。由于再利用产品的质量是相对的，所以对产品进行质量判断不仅需要考虑顾客的要求（即产品的适用性），而且要考虑企业对再利用产品的维修能力和所能获得的经济效益。这是确定再利用产品质量的带有战略性的一环。

在进行产品质量判断时，对于反映产品质量特性的指标，都应当尽量定量化，并尽量体现产品使用时的客观要求。把反映产品质量主要特性的技术参数明确规定下来，作为衡量产品质量的尺度，就形成了产品的技术标准。产品技术标准，标志着产品质量特性应达到的要求，符合技术标准的产品就是合格品，不符合技术标准的产品就是不合格品。这些都需要通过质量判断来确定。

本节提出再利用产品的质量判断程序，并对质量判断实施步骤进行设计，应用 DEA 方法建立再利用产品质量判断模型，并着重阐述影响质量判断准确性的两个要素：输入、输出指标的建立和决策单元的选择。DEA 方法通过定量的输入、输出指标，对再利用产品赋予权重进行质量判断，以此对产品质量进行有效性分析，避免一般方法的主观性，使判断结果具有更高的准确性。

二 DEA 方法简介

数据包络分析（data envelopment analysis，DEA）是数学、运筹学、数理统计学和管理科学的一个新的交叉领域。它由 A. Charnes 和 W. W. Cooper 等于 1978 年开始创建，并被命名为 DEA。DEA 是使用数学规划模型评价具有多个输入、多个输出的“部门”或“单位”（称为决策单元，decision making unit，DMU）间的相对有效性（称为 DEA 有效）。由于该方法中判断某个决策单元是否 DEA 有效，是以一个实际样本点的外包络面为基础的，因此称为数据包络分析。

DEA 方法是在相对效率概念基础上发展起来的，是基于评价对象的输入、输出数据，通过建立数学规划模型来判断各个技术质量特征的 DEA 有效，为确定再利用产品的技术特性的目标值提供科学的依据，使经过维护的再利用产品在有限的资源约束下能最大限度地满足顾客需求。具体而言，模型的输入指标即负向指标，输出指标即正向指标，它可以不需事先假定输入与输出的函数关系而直接进行包络分析，同时针对不同评价对象可以寻求最优的指标权重分配，以保证评价的客观公正。因此，DEA 方法在避免主观因素、简化算法、减少误差等方面有着不可低估的优越性，在多指标综合评价中有着广泛的应用前景。而再利用产品是基于多指标多输入、多输出的，用 DEA 方法对其进行质量判断具有很好的效果。

三 相对有效性评价模型——C^2R 模型

DEA 模型有多种形式，C^2R 模型是最基本的一种。下面主要介绍 C^2R 模型和 DEA 有效性定理，以及投影分析。

1. C^2R 模型

设有 n 个参评对象（即决策单元 DMU），每个 DMU 都有 m 种类型的输入（表示对资源的耗费），以及 s 种类型的输出（表明极小的信息量）。决策单元 DMU_j 有输入向量 $X_j=(x_{1j}, x_{2j}, \cdots, x_{mj})^T>0$，输出向量 $Y_j=(y_{1j}, y_{2j}, \cdots, y_{sj})^T>0$，输入、输出数据如图 2-2 所示。

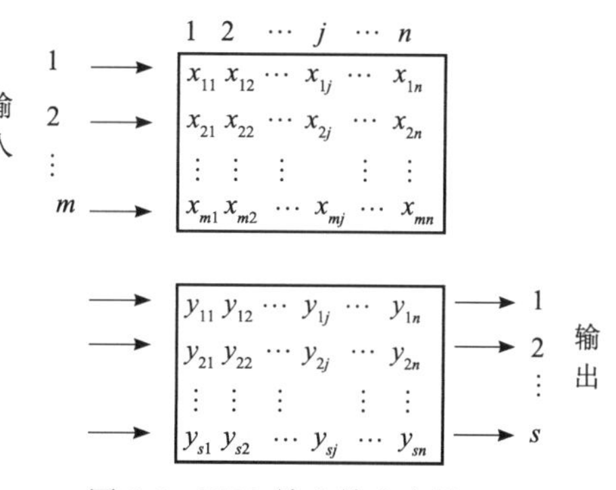

图 2-2 DEA 输入输出向量

$$h_j=\frac{U^{\mathrm{T}}Y_j}{V^{\mathrm{T}}X_j}=\frac{\sum_{r=1}^{s}u_r y_{rj}}{\sum_{i=1}^{m}v_i x_{ij}},\ j=1,\ 2,\ \cdots,\ n \tag{2-3}$$

式中，x_{ij} 为第 j 个决策单元对第 i 种类型输入的投入总量（越小越好）；y_{rj} 为第 j 个决策单元对第 r 种类型输出的产出总量（越大越好），$i=1,\ 2,\ \cdots,\ m$；$j=1,\ 2,\ \cdots,\ n$；$r=1,\ 2,\ \cdots,\ s$。

用 $V=(v_1,\ v_2,\ \cdots,\ v_m)^{\mathrm{T}}$ 表示输入权重向量，$U=(u_1,\ u_2,\ \cdots,\ u_s)^{\mathrm{T}}$ 表示输出权重向量。定义某 j 单元输入输出效率为

可以适当选取权数 v 及 u，使其满足 $h_j\leqslant 1$，$j=1,\ 2,\ \cdots,\ n$。

以权数 v 和 u 为变量，第 j_0 个 DMU（即 DMU_{j_0}）的效率指数为目标进行效率评价（$1\leqslant j_0\leqslant n$），同时以所有决策单元的效率指数 $h_j\leqslant 1$（$j=1,\ 2,\ \cdots,\ n$）为约束，构成如下的最优化模型：

$$\max \frac{\sum_{r=1}^{s}u_r y_{r0}}{\sum_{i=1}^{m}v_i x_{i0}}$$

$$\text{s. t.}\begin{cases} h_j=\dfrac{\sum_{r=1}^{s}u_r y_{rj}}{\sum_{i=1}^{m}v_i x_{ij}}\leqslant 1,\ j=1,\ 2,\ \cdots,\ n \\ V=(v_1,\ v_2,\ \cdots,\ v_m)^{\mathrm{T}}\geqslant 0 \\ U=(u_1,\ u_2,\ \cdots,\ u_s)^{\mathrm{T}}\geqslant 0 \end{cases} \tag{2-4}$$

此线性规划模型是由 A. Charnes、W. W. Cooper 与 E. Rhodes 于 1978 年提出的，简称 C^2R 模型，该模型中参评决策单元是不是有效，是相对于其他所有决策单元而言的。

该模型的特点是将输入、输出指标的权重 v 和 u 作为取得参评决策单元有效性最大值的优化变量。这种权重选择方式比赋权法更具有客观性。DEA 通过对权重的精细选择，使一个在少数指标上有优势而在多数指标上有劣势的决策单元，有可能成为相对有效的决策单元。如果决策单元被评价为相对无效的，则说明该决策单元在各个指标上都处于劣势。

令 $t=1/v^{\mathrm{T}}X_0$，$\omega=tv$，$\mu=tu$，则分式规划转化为

$$\max \mu^{T}Y_0 = V_P$$

$$\text{s.t.}\begin{cases}\omega^{T}X_j - \mu^{T}Y_j \geqslant 0, & j=1, 2, \cdots, n\\ \omega^{T}X_0 = 1 \\ \omega \geqslant 0, \mu \geqslant 0\end{cases} \tag{2-5}$$

但在再利用产品的质量判断中，输入权重和输出权重不易确定，可将其转换为对偶规划，即将顾客需求转换成能够获得且能够实际测量的输入、输出值。C^2R 模型使用了线性规划的对偶问题，并引入松弛变量，将其变换为具有非阿基米德无穷小量 ε 的 C^2R 模型：

$$\min[\theta - \varepsilon(\hat{e}^{T}S^{-} + e^{T}S^{+})] = V_D$$

$$\text{s.t.}\begin{cases}\sum_{j}^{n}\lambda_j x_j + S^{-} = \theta x_0 \\ \sum_{j=1}^{n}\lambda_j y_j - S^{+} = y_0 \\ \lambda_j \geqslant 0, j=1, \cdots, n \\ S^{+} \geqslant 0, S^{-} \geqslant 0\end{cases} \tag{2-6}$$

式中，ε 为一个非阿基米德无穷小量，是一个小于任何正数且大于 0 的数，计算中我们一般取其为 10^{-6}；θ 为被评价决策单元 DMU_{j_0} 的质量有效值；λ_j（$j=1, 2, \cdots, n$）为输入变量系数，是 n 个 DMU 的某种组合权重；$\sum_{j}^{n}\lambda_j x_j$ 和 $\sum_{j=1}^{n}\lambda_j y_j$ 分别为按这种权重组合的虚构 DMU 的输入（投入）和输出（产出）向量；S^{-} 为剩余变量，S^{+} 为松弛变量。$\hat{e}=(1, 1, \cdots, 1)^{T}_{1\times m} \in E_m$，$e=(1, 1, \cdots, 1)^{T}_{1\times s} \in E_s$。

设 $a=\theta^0$，$b=\hat{e}^{T}s^{0-}+e^{T}s^{0+}$，数 a 表示 DMU_{j_0} 的效率指数；数 b 表示输入过剩 $\hat{e}^{T}s^{0-}$ 与输出不足 $e^{T}s^{0+}$ 之和，这里可以根据 a 和 b 来判断 DMU_{j_0} 的弱 DEA 有效性和 DEA 有效性。

以上模型称为 C^2R 模型。对于上述的 C^2R 线性规划模型，可求得其最优解为 θ^0，λ_j^0，s^{0-}，s^{0+}，下面以此为基础来介绍 DEA 有效性定理和投影分析。

2. 有效性定理

（1）若 $\theta^0=1$，$S^{0-}=0$，$S^{0+}=0$，则 DMU_{j_0} 为 DEA 有效，即在由 n 个决策单元组成的系统中，在原投入 x_0 的基础上所获得的产出 y_0 已达到最优，也就是说，此时该决策单元同时达到规模有效和技术有效。这里规模有效是指若对投入规模 x_0，当投入小于 x_0 时，均为规模效益递增状态，而当投入大于 x_0 时则相反，即就投入规模而言，无论大于或是小于 x_0 都不是最好的。技术有效是指当产出为 y 时，相应的投入 x 不可能再减少。

(2) 若 $\theta^0=1$ 且 $S^{0-}\neq 0$, $S^{0+}\neq 0$，则 DMU_{j_0} 为弱 DEA 有效，即在由 n 个决策单元组成的经济系统中，对于投入的 x_0 可减少 S^{0-} ，而保持产出 y_0 不变；或在保持 x_0 不变的情况下可将产出提高 S^{0+} 。

(3) 若 $\theta^0<1$，则称 DMU_{j_0} 为 DEA 无效，即在由 n 个决策单元组成的经济系统中，可通过组合将投入降至原投入 x_0 的 θ^0 比例，而保持产出 y_0 不变。

在再利用产品的质量判断中，对于回收的大量产品来说，产品的质量判断需兼顾技术有效和规模有效，因此 C^2R 模型对于再利用产品的质量判断比较适用。

3. 非 DEA 有效的再利用产品改进措施——投影分析

判断决策单元的有效性，本质上是判断它是否位于生产可能集 T_{C^2R} 的生产前沿面上。所谓生产可能集（T_{C^2R}），其定义如下：

设某个决策单元 DMU 在一项经济（生产）活动中的输入向量为 $X_j=(x_{1j}, x_{2j}, \cdots, x_{mj})^{\mathrm{T}}$，输出向量 $Y_j=(y_{1j}, y_{2j}, \cdots, y_{sj})^{\mathrm{T}}$，简单用 (x, y) 来表示该 DMU 的整个生产活动，则称集合 $T=\{(x, y)$ | 输出 y 能用输入 x 生产出来$\}$ 为所有可能的生产活动构成的生产可能集。

通过 DEA 有效性判断，对于结果为非 DEA 有效的决策单元，可以对原有的输入向量和输出向量进行调整，使其成为 DEA 有效。这就为再利用产品的维护提供了依据。我们称经过调整后的点为决策单元在生产前沿面上的“投影”。

投影定义：设 θ^0, λ_j^0, s^{0-}, s^{0+} 为式 (2-4) 的最优解。令 $\hat{X}_0=\theta^0X_0-S^{0-}$ ，$\hat{Y}_0=Y_0+S^{0+}$，则称（$\hat{X}_0, \hat{Y}_0$）为 DMU_{j0} 在生产可能集 T_{C^2R} 的生产前沿面上的“投影”。

可以看出：

(1) $\hat{X}_0=\sum_{j=1}^{n}\lambda_j^0X_j$, $\hat{Y}_0=\sum_{j=1}^{n}\lambda_j^0Y_j$ ；

(2) 若 DMU_{j0} 为弱 DEA 有效，则 $\hat{X}_0=X_0-S^{0-}$, $\hat{Y}_0=Y_0+S^{0+}$ ；

(3) 若 DMU_{j0} 为 DEA 有效，则 $\hat{X}_0=X_0$, $\hat{Y}_0=Y_0$。

投影定理：决策单元 j_0 的投影（$\hat{X}_0, \hat{Y}_0$）为

$$\hat{X}_0=\theta^0X_0-S^{0-}=\sum_{j=1}^{n}\lambda_j^0X_j$$

$$\hat{Y}_0=Y_0+S^{0+}=\sum_{j=1}^{n}\lambda_j^0Y_j$$

为 DEA 有效。

根据投影定理，我们可以知道则 $\Delta X_0=(1-\theta^0)X_0+S^{0-}$ ，$\Delta Y_0=S^{0+}$ 分别为决策单元 DMU_{j0} 由非 DEA 有效状态向 DEA 有效状态转变时的输入与输出调整量，这为非 DEA 有效的再利用产品转变为 DEA 有效提供了科学的依据。

四 顾客需求的引入

针对目前再利用产品的回收现状，在再利用产品质量判断中，既要考虑产品技术性能指标，又要兼顾其环境协调性、经济性等因素，同时还要兼顾顾客需求。因此，要使再利用产品真正实现合理化利用，必须首先解决好质量判断的关键技术问题，具体有下列几点：

（1）各种信息的获得。这些信息包括再利用产品的技术性能数据、顾客需求信息、专家判定的技术要求等。由于内容、性质不同，其收集方法也不相同。一些指标可直接获得，如再利用产品技术现状可以通过检测获得，另一些指标可通过计算间接得到，还有一些指标则需要通过专家经验定性给出。

（2）参评指标的选择。这包括产品级质量判断时参评指标的选择和零部件级质量判断参评指标的选择。在产品级质量判断时，主要根据产品的技术性能、环境协调性及经济性，选取一些可获得、可测量的数据指标作为评价指标；在零部件级质量判断时，需要确定产品的技术特性，在多种技术特性中根据其权重来确定选取重要的技术特性。

（3）参评对象的选择。在进行产品级质量判断时，评价对象可选多件参评产品，另外再加入根据顾客需求得到的参考产品和回收企业根据自身效益确定的参考产品，将它们共同作为参评对象。在零部件级质量判断时，首先需要确定产品的关键部件，然后将多件可再利用的产品的关键部件作为参评对象的一部分，根据产品可用的最高标准和最低标准确定的虚拟部件作为另一部分。

由于再利用产品的质量具有相对性，如果在质量判断过程中忽略了顾客的需求，单纯地从技术特性上对产品进行定级，就会使产品的质量判断不准确，产品就得不到合理的维护。因此，顾客需求是必须考虑的因素，本书将顾客需求引入再利用产品的质量判断中来，其具体应用是：再利用产品质量判断中应用DEA进行有效性判断时，由于DEA是基于相对效率的，需要确定参考集来获得顾客对再利用产品的质量属性的满意度数据，即需要根据顾客需求来确定最优虚拟决策单元的输入、输出指标值，如对产品的废品率、耗电率等性能的具体要求。

顾客需求信息来自于再利用用户和产品专家。再利用用户是产品的直接使用者，能够提出最直接、最根本的需求，但是他们通常不具备产品开发的相关专业知识，提出的需求是零散的和感性的；产品专家来自企业的市场、销售及产品设计相关部门，对顾客和产品有较好的了解，因此应该将最终顾客的需求同产品专家联系起来共同确定顾客需求，这样得到的顾客需求清晰明确，易于直接作为再利用产品质量判断的评价指标。如桂祖礼（2003）将人工智能和模糊集合理论引入顾客需求获取子系统，从而为顾客需求的提取提供了依据。

在对再利用产品进行质量判断时，首先要考虑再利用顾客的需求，而获取顾客需求信息是质量判断过程中首要的一步，也是最困难的一步。在确定顾客需求时应避免主观想象，注意信息的真实性和全面性。一般认为获取顾客需求的方法有顾客中心法、问卷调查法、现场法、电话呼叫中心统计法等。随着互联网技术的发展，利用网络来收集顾客的信息变得越来越重要。选用何种方法要根据产品特点、市场环境、经济条件和人员情况而定（丁善婷等，2002）。在收集到各种各样的顾客需求后，根据顾客对产品的某些需求属性，再结合产品的技术状态选择可维护的顾客需求，整理分类将顾客需求展开为再利用产品的技术特性，将其转换为可以测量的具体的输入、输出指标。

五 再利用产品质量判断过程设计

1. 再利用产品质量判断的基本程序

对再利用产品进行质量判断的基本程序如图 2-3 所示。

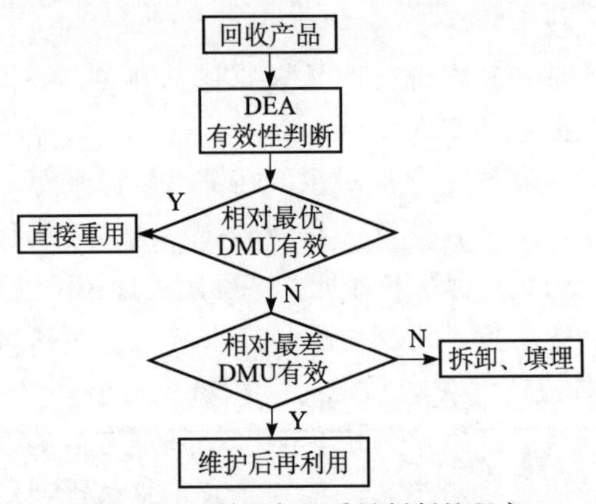

图 2-3　再利用产品质量判断的程序

对再利用产品进行质量判断，以再利用产品整体作为参评决策单元，通过把握其整体的技术性能状况来进行 DEA 有效性判断。如果产品相对于回收企业所确定的最差决策单元为非 DEA 有效，则可以通过拆卸填埋等手段进行处理；如果相对于顾客需求确定的最优决策单元为 DEA 有效，则可以在目前所在市场直接重用；如果再利用产品的 DEA 有效性介于最优决策单元和最差决策单元之间，则说明产品质量没有达到现有顾客的要求，但回收企业可以通过维修等手段改进产品，使其再一次进入市场。

2. 输入输出指标及其决策单元选择的基本原则

在 DEA 应用于质量判断的过程中，最关键的步骤就是输入、输出指标体系的建立和各决策单元的选择，以及在相应指标体系下的输入、输出数据的收集与获得。

1）选择合理的指标体系

指标体系的设置是为了建立一个考核再利用产品质量的标准和比较不同产品质量的尺度，最终是为了提高再利用产品的质量。合理的指标体系是保证综合判断质量的关键问题之一，具体来说构建再利用产品质量判断指标体系应遵循如下原则：

（1）科学性原则。一是指选取的指标应客观、全面地反映再利用产品质量的真实情况，具体由再利用产品的各项技术特征来体现；二是指应按照再利用用户对产品的要求和专家对产品的现实状况合理地选取评价指标，所设计的每个指标都应尽可能边界清楚，避免相互包含，减少对同一内容的重复评价，即从技术上应避免输入（输出）集内各指标间的强线性关系。

（2）可比性原则。要求在设计指标体系时，应注意指标的内容、口径、计算方法等在纵向和横向上的可比性，指标应使各决策单元能相互比较，以便对比分析和排序。

（3）可度量原则。要求定量指标直接量化，定性指标可以间接量化，以便进行定量的质量判断。

（4）可操作性原则。指标体系的建立要以现实条件为前提。由于再利用产品内部技术比较复杂，有些指标不能通过外界具体测量得到，因此可以直接利用的数据较少。而如果选取的指标过多，却收集不到数据，研究结果就缺乏实际意义。所以，要求指标数据易于获取、简明扼要且有较大信息容量，力求数据的可操作性，便于分析运算。

（5）主客观指标相结合原则。客观指标反映客观事物，主观指标反映人们对客观事物的评价、感受和满意程度。再利用产品质量判断指标重在反映客观事物方面，应以客观指标为主，同时辅以主观指标，作为对客观指标的补充。

明确了这些原则后，在产品级质量判断和零部件级质量判断中，由于其侧重点不同，具体的指标选取也会各有侧重。选取方法将在各级判断时具体分析。

2）决策单元的选择

应用DEA方法进行质量判断的首要问题是确定评价的参考集，即选择决策单元。为了使评价结果的现实意义更强，评价过程的可参考性更高，应用DEA方法的基本要求是选择同类型的决策单元，即参考集中的决策单元应具有相同的输入、输出项和相同的外部环境。在产品级质量判断阶段，研究的对象为回收的同类型产品，可以将其作为决策单元；但在零部件级质量判断阶段，各个部件是彼此独立的，它们在整个产品之中都有各自的功能，在同一参评产品中选取若干部件进行相互对比分析，显然缺乏实际意义。因此我们以多件再利用产品内部的同一种关键部件作为DEA有效性判断的决策单元，这样，这些关键部件就有共同的输入、输出指标，对它们进行质量判断才具有可行性。

3. 再利用产品质量判断的实施步骤

确定了DEA有效性判断模型中的输入、输出指标以及决策单元后，就开始质量判断的具体实施。首先将顾客需求转换为产品的技术特性，选取比较重要的技术特性作为质量判断的输入、输出指标。以顾客需求确定的技术特性、产品目前的技术状态，以及回收企业所确定的维修标准共同作为判断产品质量有效性的输入、输出数据。由于再利用产品的质量具有相对性，可以通过引入顾客需求决定的最优决策单元和根据企业综合条件确定的最差决策单元，作为DEA模型中的虚拟决策单元。这样，DEA的基本模型C^2R模型就需要进行改进。然后再采用改进的DEA方法，建立线性规划模型，计算结果，并分析再利用产品的质量有效性。最后可根据再利用产品的质量有效值确定产品的相对质量，并对介于最优产品和最差产品之间的产品提出具体的改进措施和改进方向。

为了使再利用产品质量判断更加准确，需要在不脱离实际的前提下调整输入、输出指标体系，重新求解，反复调整输入、输出指标体系，进行不同的DEA质量判断分析，对比不同结果，可以观察到哪些指标对DMU的有效性有显著影响，这在产品级及零部件级的复杂系统研究中有特别的意义，为以后对同类再利用产品质量判断中输入、输出指标的选取提供了依据。

第四节　产品级质量判断

一　产品级质量判断的基本思路

对于停用回收的产品，其产品质量状态比较模糊，不确定性因素很多，为了给下一步的产品维修过程提供科学依据，就需要对其整体进行再利用产品质量判断，确定质量级别。

应用DEA方法对再利用产品的质量进行判断，首先需要确定评价决策系统中的输入、输出指标体系，以及收集和获取各决策单元在相应指标体系下的输入、输出数据。这些输入、输出指标的确定直接影响到决策结果，因此需要在进行质量判断前，运用市场调查技术和各种分析工具，来收集必要的产品信息和顾客需求，作为产品技术特性的输入、输出指标。

其次，选择决策单元。选取多件同类型的产品作为决策单元，由于DEA建立在相对有效性基础上，而再利用产品质量具有相对性，因此单纯地对其进行质量级别判断是没有实际意义的，这就需要确定一个参考集，即判断的标准，将其分为最高标准和最低标准来衡量质量判断的有效性。顾客需求可以视为产品质量的最高标准，即作为相对最优的决策单元，将回收的产品与其进行质量比较，从而可以判断再利用产品质量的有效性。产品的最低标准，即产品的维修标准，需要根据企业自身的经济效益、综合技术水平及对产品的维修能力来确定。

再次，选取DEA模型并加以改进。DEA模型也影响决策结果，因此需要适当选取。DEA中的C^2R模型是将n件参评产品作为决策单元的，但是由于再利用产品质量的相对性，在质量判断中需要引入虚拟决策单元，因此在再利用产品的质量判断过程中需要进行改进。

最后，根据模型运行结果进行分析判断，并进行投影分析，从而提出相关建议。

二 输入、输出指标的建立

根据顾客需求选取产品的输入、输出指标是质量判断中的重要特征，建立一套科学的评价指标体系是运用DEA方法进行评价分析的有效前提和基础。而再利用产品种类繁多，进行质量判断时选取的指标不尽相同，为了建立一个普遍适用的输入、输出指标体系，我们可以按以下几个方面来选取指标：

（1）技术性能。技术性能通常指产品在功能上满足顾客要求的能力。对再利用产品而言，经维修后所具有的基本技术性能一方面应不低于顾客所能接受的技术标准，否则就失去了市场竞争能力。另一方面则应以新产品出厂时的技术性能指标为准，努力向其靠拢。在所有技术性能指标中，最主要的是产品的基本性能指标。例如，对于生产型机械产品其基本性能指标主要考虑单位时间能源消耗量、废品率、故障率等，发动机产品，主要考虑功率、燃油消耗量、平均有效压力等。

（2）环境协调性。涉及环境的指标很多，比如资源指标、能源指标、大气污染指标、水体污染指标以固体污染指标等。具体的指标选择上，我们可以采用诸如噪声、粉尘、振动、电磁辐射等指标。这些指标中，既有定性指标又有定量指标，分别从不同的侧面描述了再利用产品的相关环境属性，必须对其进行综合分析。

（3）经济性。企业销售产品以营利为目的，所以评价任何一种产品都需要考虑其经济性。再利用产品经过维修后再一次进入市场，参与到市场的竞争中，其经济性就是企业赢得竞争优势的一个不可缺少的条件。如果再利用产品的维修费用太高，超过了企业的承受能力，就需要通过拆卸对零部件进行循环再利用。另外，对再利用产品经济性的评价，不仅要考虑企业的维修成本或销售价格，同时还要注意产品的绿色度是否达到要求。因此在进行再利用产品的经济性评价时，必须将几方面的利益有机统一起来。

再利用产品的质量判断属于多目标决策范畴，所以在采用DEA模型对再利用产品进行再利用产品质量判断时，可以基于DEA模型的结构，将质量判断指标分为输入和输出两类。其中，成本型指标为输入指标，效益型指标为输出指标，固定型指标取其产品指标值与固定值之间的距离作为输入指标，显然该距离越小越好。例如，将企业的维修成本作为输入指标，将其直接加以利用能够获得的经济效益作为输出指标。

如果评估指标集扩大，每一决策单元的有效性系数就会增大，指标多到一定程度会使每一决策单元的有效性系数都较大，甚至普遍接近1，这不利于从有效性系数中提取决策单元的差异性信息。因此，在具体选择输入、输出指标时，如果输入、输出指标过多，可采用主成分分析法或模糊聚类分析法去掉具有强相关性的指标，保持各指标间的相对独立性。在输入、输出项之间还应该应用典型相关分析法来产生最大相关的输入、输出项综合变量，使输入与输出项变量之间具有最大的相关性，而且可以使输入项变量（或输出项变量）的组内相关性最小，避免变量之间的先行重合现象。建立指标时可采用统计方法。

三 决策单元的选择

在再利用产品质量判断中，选择决策单元一般要求基于同类型产品进行，即在某一视角下，各决策单元要具有相同的目标、任务、外部环境，以及输入、输出指标。另外，由于再利用产品质量状态比较模糊，还需要从技术和经验上确定参考集。

一般情况下，可以依据国家标准、国际标准或企业标准，来确定最优产品和最差产品，即将相应标准中评价指标的理想值作为最优产品相应指标的值，将最差值作为最差产品相应指标的值。但是，一方面，目前还有许多标准不够规范；另一方面，对于再利用产品，由于其在生命周期中的耗损，达到新产品技术水平的概率比较小，因此最优产品相应指标的值只要达到再利用用户的要求就可以了。

基于此，项目依据顾客需求和企业的综合条件来提供参考集，引入两个虚拟决策单元，即最优决策单元和最差决策单元，作为再利用产品质量判断的参考集。

最优决策单元：将满足顾客需求的各输入、输出指标最优值作为最优产品的相应指标值，根据此输入、输出指标确定的最优产品就是虚拟的最优决策单元。其中，顾客需求按照卡诺博士的定义可分成三种类型：基本型需求（顾客认为产品和服务应具有的功能）、特性型需求（顾客对产品和服务功能与性能的期望）、魅力型需求（企业以顾客为关注焦点所提供的令顾客意想不到的产品和服务的特征）。基本型需求是产品的可用度，也是顾客对产品要求的底线，没有满足，顾客就会放弃此产品；特性型需求是产品为顾客特意提供的使用功能，实现得越多，顾客就越满意；魅力型需求是顾客未曾想到的产品使用功能，能够给顾客带来惊喜，顾客满意度会大幅度增加。在再利用产品质量判断中，选取哪种类型的顾客需求要按照回收企业希望达到的目标来确定。需要强调的是本书中顾客需求是指在同一市场上经过市场调查获取的。因为在不同的市场上，顾客的偏好及当地的经济状况不同，所提出的要求和标准也会不同，例如，发达地区和次发达地区顾客所能接受的产品的标准是不同的。

最差决策单元：将回收企业所能接受的维修最低标准作为最差产品的相应指标值，根据此输入、输出指标确定的最差产品就是虚拟的最差决策单元。它的选取，主要是为再利用产品是否能经过维护后再利用提供参考。相对于此“最差产品”DEA 有效的产品可通过维修等手段再利用，而相对于此“最差产品”非 DEA 有效的产品，说明该产品不符合企业进行维修的最低标准，可在此阶段判定为拆卸或填埋处理。

四 DEA 模型的改进

在应用 DEA 进行质量判断时，如果决策单元 DMU_{j_0} 的质量有效值为 1，就称 DMU_{j_0} 为 DEA 有效，否则即为非 DEA 有效。但是，对于再利用产品来说，非有效的决策单元之间的优劣如果简单地据质量有效值的大小进行排序对比分析，显然没有实际意义。对 DEA 决策单元进行级别排序的研究方法有多种，虚拟决策单元法可通过引入虚拟决策单元与原参评产品共同作为 DEA 中的决策单元，建立 DEA 线性规划模型，将得到的最优解中 θ^0 的值作为质量有效值，θ^0 的大小顺序就是该决策单元 DMU_{j_0} 的质量优劣顺序。在运用 DEA 模型对再利用产品进行评价时，对于评价指数为 1，即 DEA 有效的决策单元则不能加以有效排序区分，但能说明它们在质量上符合再利用用户需求，可以直接重用。

在再利用产品质量判断中，一方面，判断产品的质量有效性时得到的是一个或一组“绝对性”的数据，孤立来看，这些数据对判断回收产品的质量意义不是很大。因此，应该用这些数据和某些参照数据进行对比才能衡量出产品质量的好坏。另一方面，为了使通过质量判断的再利用产品经维修后既满足顾客的最高满意度，同时兼顾回收厂家的利益，本书对传统的 DEA 模型进行了改进，引入最优产品和最差产品两个虚拟的决策单元，将最优产品和最差产品分别记为决策单元 $n+1$ 和决策单元 $n+2$。此时，总的决策单元数目变为 $n+2$，其中 n 为待评产品数目。

在此，$n+2$ 个决策单元的输入、输出指标要保持一致。但是，不同地域、不同市场上的顾客需求通常是不同的，例如，一些使用状况良好的产品在发达地区已成为过时产品，但可能在欠发达地区仍有很多用户和一定的市场销售量，其技术状况就有可能高于该地区顾客希望的技术状况。而在同一地域的顾客需求通常要高于再利用产品现在的技术状况，故顾客希望的产品技术状况与回收产品的技术状况相比较，存在不确定性。在选取最优决策单元的时候，可以将满足顾客需求的产品的每一指标的最优值作为最优产品相应指标的值，回收企业所能接受的产品的每一指标的最差值作为最差产品相应的值。相应地，决策单元 $n+1$ 的输入向量为

$$X_{n+1}=(x_{1,n+1},x_{2,n+1},\cdots,x_{i,n+1},\cdots,x_{m,n+1})^{\mathrm{T}},\ i=1,2,\cdots,m \tag{2-7}$$

这里的回收产品如果是保留最初设计的全部功能，且实用状况良好，只是不被发达地区所接受，但在该欠发达地区市场上仍有很多用户和一定的市场销售量，我们可以称其为亚流行产品。此时满足该欠发达地区顾客需求的输入指标有可能大于这种亚流行产品，即 $x_{i,n+1}\geqslant\min(x_{i1},x_{i2},\cdots,x_{im})$；另外，由于产品的技术状况比较模糊，在进行质量判断时，各种优劣不同等级的产品良莠不齐，对于大多数回收产品来说，其技术状况要符合顾客满意的标准，即 $x_{i,n+1}\leqslant\min(x_{i1},x_{i2},\cdots,x_{im})$，$i=1,2,\cdots,m$。所以我们对满足顾客需求的输入指标不做约束，同理，对于输出向量，顾客希望得到的技术状况有可能没有达到回收产品的技术值，所以对输出指标也没有约束。

输出向量记为

$$Y_{n+1}=(y_{1,n+1},y_{2,n+1},\cdots,y_{r,n+1},\cdots,y_{s,n+1})^{\mathrm{T}},\ r=1,2,\cdots,s \tag{2-8}$$

决策单元 $n+2$ 由于是回收企业根据产品的寿命周期及本企业的经济效益确定的维修标准，所以其输入、输出指标的指标值介于最优产品和回收的最差产品之间，其输入记为

$$X_{n+2}=(x_{1,n+2},x_{2,n+2},\cdots,x_{i,n+2},\cdots,x_{m,n+2})^{\mathrm{T}} \tag{2-9}$$
$$x_{i,n+1}\leqslant x_{i,n+2}\leqslant\max(x_{i1},x_{i2},\cdots,x_{im})$$
$$i=1,2,\cdots,m$$

输出向量记为

$$Y_{n+2}=(y_{1,n+2},y_{2,n+2},\cdots,y_{r,n+2},\cdots,y_{s,n+2})^{\mathrm{T}} \tag{2-10}$$
$$\min(y_{r1},y_{r2},\cdots,y_{rm})\leqslant y_{r,n+2}\leqslant y_{r,n+1}$$
$$r=1,2,\cdots,s$$

这样就引入了 2 个虚拟产品，与原来的 n 个决策单元共同组成新的决策单元，通过计算 $n+2$ 个决策单元的质量有效值，可增强评价结果的可比性。根据这 $n+2$ 的决策单元的输入、输出指标，可建立如下改进的 DEA 评价模型：

$$\min[\theta-\varepsilon(\hat{e}^{\mathrm{T}}S^{-}+e^{\mathrm{T}}S^{+})]=V_D$$

$$\text{s. t.}\begin{cases}\sum_{j}^{n+2}\lambda_j x_j + S^- = \theta x_0 \\ \sum_{j=1}^{n+2}\lambda_j y_j - S^+ = y_0 \\ \lambda_j \geqslant 0,\ j=1,\ 2,\ \cdots, n+2 \\ S^+ \geqslant 0,\ S^- \geqslant 0\end{cases} \tag{2-11}$$

该模型是以 $n+2$ 个决策单元为基础，以最优决策单元的效率指数最大为目标，以最优决策单元、最差决策单元的效率指数为参考集建立的。最优决策单元是一种最优的理想情形，它的质量有效值必为 1。

五 案例分析

1. 指标体系和原始数据

通过回收得到 6 台役龄不同、技术现状不同的空调循环水泵，由于水泵正常的磨损老化，效率降低，维修费用增加，同一型号的每台水泵可以看成一个决策单元，其评估指标如表 2-1 所示。

表 2-1　评估指标一览表

指标		水泵 1	水泵 2	水泵 3	水泵 4	水泵 5	水泵 6	最优水泵 7	最差水泵 8
输入	耗电量（kW·h）	39	43	42	41	41	42	40.4	43
	故障率/‰	2	3	2.1	2.3	2.5	2.2	1.8	2.5
	年维护费用/元	86	90	85	91	89	87	85	92
输出	效率/%	84	80	79	75	82	79	84	78

运用改进的 DEA 模型，将回收的水泵作为参评的决策单元，另外由于水泵的质量具有相对性，还需要选取两项虚拟决策单元。一项是基于顾客需求确定的最优决策单元，将其作为最优水泵 DMU6，顾客对再利用产品满意的最优值作为最优水泵相应指标的值，因为该水泵的各项指标都应该达到顾客满意的标准，能最大限度地满足用户的需求。以它作为参考集，表示它在该市场上是技术有效的，处于顾客满意的工作状态。另一项是基于回收企业的综合条件设定的最差决策单元，将其作为最差水泵 DMU7，将回收企业确定的每一指标的最差值作为最差水泵相应指标的值。将最优决策单元、最差决策单元及回收的水泵共同作为参评的决策单元，接下来选择建立合适的指标体系。

根据水泵的主要性能，按其生产性、可靠性、节能性和可维修性，依据输入、输出指标选择原则，建立如下指标体系：

(1) 输入指标包括耗电量、故障率、年维护费用;

(2) 输出指标，水泵的流量和扬程是可以测定的数据，且符合输出指标越大越好的要求，但这两项都可以通过水泵的实际效率来表示，故这里只选用一个输出指标，即水泵的效率。因为围绕水泵所做的一切工作都是为再利用用户服务的，水泵的实际效率越高，表明设备的技术状况越好。

2. DEA 判断模型

根据输入、输出指标和改进的 C^2R 模型，建立评价每一台水泵质量有效性的评价模型，一共 8 个，应用 MATLAB 程序分别求解，计算出每台水泵的质量有效值。以水泵 1 为例，具体的 DEA 有效性评价模型可表示为

$$\min\left[\theta-\varepsilon(\hat{e}^{\mathrm{T}}S^{-}+e^{\mathrm{T}}S^{+})\right]=V_D$$

$$\text{s. t.}\begin{cases}39\lambda_1+43\lambda_2+42\lambda_3+41\lambda_4+41\lambda_5+42\lambda_6+40.5\lambda_7+43\lambda_8+S_1^{-}=39\theta\\0.002\lambda_1+0.003\lambda_2+0.0021\lambda_3+0.0023\lambda_4+0.0025\lambda_5+0.0022\lambda_6\\+0.0018\lambda_7+0.0025\lambda_8+S_2^{-}=0.002\theta\\86\lambda_1+90\lambda_2+85\lambda_3+91\lambda_4+89\lambda_5+87\lambda_6+85\lambda_7+92\lambda_8+S_3^{-}=86\theta\\84\lambda_1+80\lambda_2+79\lambda_3+75\lambda_4+82\lambda_5+79\lambda_6+84\lambda_7+78\lambda_8+S^{+}=84\\\lambda_j\geqslant 0,\ j=1,\ 2,\ \cdots,\ 8\\S_i^{-}\geqslant 0,\ i=1,\ 2,\ 3;\ S^{+}\geqslant 0\end{cases}$$

应用 MATLAB 中的线性规划函数格式：

[X, fnal, exitflag, output, lambda] =linprog (C, A, B, Aeq, Beq, LB, UB, X_0, options)

可得出水泵 1 的最优解 $\theta^0=1$, $S_1^{-}=0$, $S_2^{-}=0$, $S_3^{-}=0$, $S^{+}=0$。

同理，可得到其他水泵的最优解，具体结果如表 2-2 所示。

表 2-2 基于 C^2R 模型对决策单元进行有效性分析的结果

决策单元	质量有效值	S_1^{0-}	S_2^{0-}	S_3^{0-}	S^{0+}
水泵 1	1	0	0	0	0
水泵 2	0.8995	0.2011	0.0010	0	0
水泵 3	0.9405	1.5048	0.0003	0	0
水泵 4	0.8493	0	0.0002	0.5009	0
水泵 5	0.9396	0	0.0005	0	0
水泵 6	0.9189	0.5967	0.0003	0	0
水泵 7	1	0	0	0	0
水泵 8	0.8615	0	0.0050	0	0

3. 评价结果分析和改进措施

通过以上结果对以上 8 个决策单元进行有效性比较可知，水泵 1 和水泵 7 的质量有效值都为 $\theta^0=1$, $S^{-}=S^{+}=0$，是 DEA 有效的决策单元，而水泵 7 是根

据顾客需求选取的虚拟最优决策单元，这说明水泵 1 达到当前市场最高水平，能够满足顾客需求，可以直接进入市场参与竞争。

其他参评水泵均为非 DEA 有效的，根据各自相对质量有效值，其由高到低的顺序是水泵 3、水泵 5、水泵 6、水泵 2、水泵 8、水泵 4。它们的质量有效值分别为 0.9405、0.9396、0.9189、0.8995、0.8615、0.8493。其中水泵 8 是回收企业按照自己的综合条件所确定的最低标准，其他水泵与之相比，水泵 3、水泵 5、水泵 6、水泵 2 都达到了企业的最低维修标准。因此可以说，这些水泵相对于顾客要求的最优水泵是非 DEA 有效的，而相对于企业确定的最差水泵是 DEA 有效的，可通过进一步维修恢复其原有功能；水泵 4 低于回收企业能够接受的最低需求，因此可以判断其应该通过拆卸再制造或填埋等手段对其进一步加以利用。

相对于最差决策单元为 DEA 有效的水泵，即水泵 3、水泵 5、水泵 6、水泵 2，可以根据 DEA 投影分析，确定其达到 DEA 有效和向生产前沿面转化的调整距离和调整方向。

水泵 3 的输出指标效率的原始数据为 79%，计算所得的松弛变量 $S^{+}=0$，则其投影不变仍为 79%，输入指标耗电量的原始指标数据为 42，剩余变量 $S_1^{-}=1.5048$，则所需要的调整量 $\Delta X_0=(1-\theta^0)X_0+S_1^{0-}=(1-0.9405)\times 42+1.5048=4.0038$；故障率的调整量为 $\Delta X_0=(1-\theta^0)X_0+S_2^{0-}=(1-0.9405)\times 2.1‰+0.0003=0.312‰$，年维护费用调整量为 $\Delta X_0=(1-\theta^0)X_0=5.0575$，这些都可以通过技术改善来降低其技术特征的性能指标，即维修或更换其内部零部件来降低耗电量、故障率和年维护费用。同理，水泵 5、水泵 6、水泵 2 也采用相同的计算方法，可得到这些水泵的具体调整量，见表 2-3。

表 2-3　水泵达到 DEA 有效的调整量

指标	水泵 3	水泵 5	水泵 6	水泵 2
耗电量（kW·h）	4.0038	2.4764	4.0029	4.5226
故障率/‰	0.312	0.651	0.478	0.1302
年维护费用/元	5.0575	5.3756	7.0557	9.0450
效率/%	0	0	0	0

表 2-3 给出了各个调整量的具体数值，但是对再利用产品来说，在实际操作中，这些精确的输入指标调整量的实现是比较困难的，而且在技术上也不可行。因此，这些数据的意义就在于从定量的角度说明待维修水泵与最优水泵之间的差距，指出水泵维修的方向和重点，为决策者提供具体的维修建议。

六 增加或减少一个决策单元对原有决策单元有效性的影响

前面通过具体案例评价了 n 台水泵的相对有效性，但是在研究再利用产品作为决策单元的时候，如果这 n 台水泵由于某种原因，需要增加或减少一个决策单元，对于原来的水泵的质量有效性会有什么样的影响呢？在本节我们讨论增加或减少一个决策单元对原有决策单元有效性的影响。为了简便起见，我们仍旧以 C^2R 模型进行分析，对于再利用产品假设其质量判断的 DEA 模型为

$$\min[\theta-\varepsilon(\hat{e}^{T}S^{-}+e^{T}S^{+})]=V_D$$

$$\text{s.t.}\begin{cases}\sum\limits_{j}^{n}\lambda_j X_j+S^{-}=\theta X_0\\ \sum\limits_{j=1}^{n}\lambda_j Y_j-S^{+}=Y_0\\ \lambda_j\geqslant 0,\ j=1,\ \cdots,\ n\\ S^{+}\geqslant 0,\ S^{-}\geqslant 0\end{cases}\tag{2-12}$$

1. 去掉一个样本决策单元时，其他决策单元的有效性是否发生改变

假设对原来的 n 个样本决策单元利用以上的模型进行了有效性分析，可得到每个决策单元的有效值（即目标函数值）。

最优决策单元和最差决策单元作为判断再利用产品质量的参考集，对所需判断的决策单元的优先级别没有影响，这里只取相对于最差决策单元有效和无效的决策单元进行分析。

如果决策单元 DMU_p 相对于最差决策单元是 DEA 有效的，则去掉 DMU_p 时，对其他决策单元没有任何影响；如果决策单元 DMU_p 相对于最差决策单元是 DEA 无效的，则去掉 DMU_p 后，其他决策单元的相对有效性不发生任何改变，即原来有效的仍为有效，原来无效的仍无效。只是比决策单元 DMU_p 评价指数值小的决策单元的级别发生了变化，由第 $p+1$ 级上升为 p 级。虚拟产品的选择只对评价结果的绝对数值有影响，但不影响评价结果的相对性。

如果决策单元 DMU_p 相对于最差决策单元是 DEA 有效的，则去掉 DMU_p 后，原来有效的决策单元的有效性不会发生改变，即相对于现在的 $n-1$ 个决策单元仍是有效的，而原来无效的决策单元有可能变为有效。

2. 考虑当增加一个决策单元时，相对于现有的 $n+1$ 个决策单元，原来决策单元的有效性是否会发生改变

假设原有 n 个样本决策单元 DMU，应用扩展的 DEA 模型来评价新增决策单元的有效性，扩展的 DEA 模型为

$$\min \theta$$

$$\text{s. t.}\begin{cases}\sum_{j=1}^{n}\lambda_j x_j \leqslant \theta x_{n+1}\\ \sum_{j=1}^{n}\lambda_j y_j \geqslant y_{n+1}\\ \sum_{j=1}^{n}\lambda_j = 1\\ \lambda_j \geqslant 0,\ j=1,\ 2,\ \cdots,\ n\end{cases}$$

或其对偶模型为

$$\max(\mu^{\mathrm{T}} y_{n+1} + \mu_0)$$

$$\text{s. t.}\begin{cases}\omega^{\mathrm{T}} x_j - \mu^{\mathrm{T}} y_j - \mu_0 \geqslant 0,\ j=1,\ 2,\ \cdots,\ n\\ \omega^{\mathrm{T}} x_{n+1} = 1\\ \omega \geqslant 0,\ \mu \geqslant 0,\ \mu_0\ \text{无符号限制}\end{cases}$$

设已求出该模型中每个决策单元的相对有效性，若增加了一个新的决策单元 DMU_{n+1}，根据文献（高云，2005）中的分析可知：

当 $\mu^{*\mathrm{T}} y_{n+1} + \mu_0^* < 1$ 时，决策单元 DMU_{n+1} 相对于 $n+1$ 个决策单元为 DEA 无效，则原来有效的决策单元仍有效，无效的仍无效，有效值不变。

当 $\mu^{*\mathrm{T}} y_{n+1} + \mu_0^* = 1$ 时，决策单元 DMU_{n+1} 相对于 $n+1$ 个决策单元为 DEA 有效或弱有效，原来的任何一个决策单元的有效性均不变。

当 $\mu^{*\mathrm{T}} y_{n+1} + \mu_0^* > 1$ 时，原来无效的决策单元是无效的，但是对于原来有效的决策单元来说，其有效性还需要用相对于 $n+1$ 个决策单元的 DEA 模型来进一步确定。

第五节 零部件级质量判断

一 零部件级质量判断的基本思路

再利用产品根据其维护程度可分为直接重用和维护后再利用，本章第四节对再利用产品的产品级进行了质量判断评价，从总体上把握了产品的质量，确定了可直接重用的产品、可维护产品和拆卸产品，但还不能准确判断在需要维护的产品中哪些部件可以直接重用，哪些需要维护，哪些需要更换。这就需要进行进一步的质量评价，即进行零部件级的质量评价。在案例中，本节继续以第四节的水泵设备为例进行研究，来说明零部件级的质量判断方法。

零部件质量的好坏，直接关系到整体产品的质量优劣。一般来说，零部件的质量与其使用期限及已使用的时间有直接的关系，同一产品的不同零部件各有不同的使用期限。例如，在一部机器中，通常箱体、支架、轴承座等固定件的使用寿命长，而运转件的使用寿命短；在运转件中，承担扭转矩传递的主体部分使用寿命长，而摩擦表面使用寿命短；与腐蚀介质接触的表面使用寿命短。因此，产品失效有可能是因为一些零部件已达到使用寿命期限造成的。再利用产品研究的着眼点就是使没有达到使用寿命期限且没有受到损坏的零部件可以继续使用，使有局部损伤或已达到使用寿命周期的零部件通过零部件的维护或更换而最终达到整体维护后再继续使用。

产品零部件的质量优劣是由其产品技术特性来表现的，故可以进一步用产品技术特性及其相关的零部件来判断再利用产品的质量状况。由于再利用用户对零部件的技术状况了解较少，因此必须将顾客需求转化为零部件的技术特性的重要度。通常，每一产品都会由若干个零部件组成，它们在完成基本功能上都有各自的功能，其制造工艺、材料等因素不同，技术性能也会不同，这就需要根据其重要度来确定零部件的输入、输出指标。

在零部件级的质量判断阶段，首先要进行顾客需求调查，以此为根据来确定产品技术特性的重要度。比如，水泵的产品技术特性可表现为水密性、扬程变化范围、最大噪声、润滑状况、耗电率、可靠性和再利用寿命等，它们的重要度会受到不同顾客群偏好的影响，因此，需要通过整理并应用专家权重-用户概率系数法来确定产品技术特性的重要度。进一步，将再利用用户比较关注且对部件影响较大的指标作为DEA有效性判断的输入、输出指标。

其次，通过顾客需求来确定决策单元，并对 C^2R 模型进行改进。通常，由顾客处提取得到的顾客需求重要度决定了产品技术特征重要度，进而决定了组成产品的各个零部件的重要度，这就为部件权重的确定提供了依据。根据零部件的重要度进行排序进而确定关键部件，并将多种同类产品的同种最关键的部件作为DEA模型中的一部分决策单元。另外，由于再利用产品的零部件具有质量相对性，而顾客对产品的零部件技术特征不甚了解，因此需要根据零部件的技术标准来确定标准决策单元。另外，将专家确定的零部件可进行维修的最低标准作为最差决策单元，将二者共同作为零部件质量判断的另一部分决策单元，以此来对 C^2R 模型进行改进。

再次，应用改进的DEA模型对再利用产品的关键部件进行质量有效性判断，根据判断结果为零部件的再利用提供改进措施和改进建议。

最后，依次选取次关键部件进行上述质量判断步骤。

二 输入、输出指标的确定

产品技术特性最终影响顾客对产品质量的重视程度，因此我们首先要根据顾客需求确定产品技术特性的重要度系数。为此，用专家权重-用户概率系数法（冯珍，2005）来确定产品技术特性的重要度。

1. 用户属性权重的确定

首先，调查顾客需求。本章的顾客需求同上一章所调查的顾客需求是不同的，这里获得顾客需求的目的在于根据顾客需求确定产品技术特性的重要性。

然后确定用户属性权重。专家通过层次分析法的用户属性比较矩阵及一致性检验法则，确定用户属性的权值 w'_k，$k=1, 2, \cdots, z$，z 为用户属性的总数，令 p_k 为第 k 项用户属性顾客调查出现的概率，有

$$p_k = \zeta_k / \sum_{k=1}^{z} \zeta_k \tag{2-13}$$

式中，ζ_k 为第 k 项用户属性顾客调查出现的频数。

根据专家确定的用户属性权重 w'_k 和其先验概率 p_k 进行加权和归一化处理得到用户属性权重为

$$w_k = \beta w'_k + (1-\beta) p_k \tag{2-14}$$

式中，β 为权重评价影响因子，$0 \leqslant \beta \leqslant 1$。

专家权重-用户概率系数法既考虑了专家组的意见，又充分利用了市场调研数据所得出的先验概率信息，根据不同的情况选择权重评价影响因子，反映专家和用户的影响度。专家组对停用后产品的技术状态有较好的了解，对每一项用户属性维护的重要度能做出较合理的判断，而用户从使用的角度选择重要的用户属性。

2. 产品技术特性权重的确定

设第 k 项用户属性和第 i 项产品技术特性之间的关系数为 r_{ki}，其中，$k=1, 2, \cdots, z$；$i=1, 2, \cdots, l$；z，l 分别为用户属性和产品技术特性的总数，第 i 项产品技术特性的权重 I'_{mi} 为

$$I'_{mi} = \sum_{k=1}^{z} w_k r_{ki} \tag{2-15}$$

式中，w_k 为第 k 项用户属性的权重。

归一化处理得到产品技术特性的权重为

$$I''_{mi} = \frac{I'_{mi}}{\sum_{i=1}^{l} I'_{mi}} \tag{2-16}$$

根据产品技术特性的权重，选取比较重要的指标，可对产品技术特性重要

度设定一个阈值 $I_{\lim}$ ，重要度满足 $I_k \geqslant I_{\lim}$ 的产品技术特性被选为输入、输出指标，另外对于输入、输出指标的选择，同时必须遵循本章第三节所提出的输入、输出指标的选择原则。

对零部件进行质量判断的困难在于输出、输出指标数据的获得。由于对再利用产品的利用是在不拆卸的基础上进行的，而零部件大多是作为再利用产品的部分，因此定量数据的获得存在一定的困难。但由于 DEA 作为一种多目标决策方法，具有评价结果与指标量纲选取无关的优势，因此在判断过程中，可以不必对指标进行规范化处理，而选取定量指标和定性指标共同作为零部件级质量判断的输入、输出指标。除要尽可能选择可测量的定量指标外，还可以根据专家经验来进行评分使定性指标定量化。

三 决策单元的选择

在进行产品方案设计时主要是根据产品功能需求，进行部件结构及部件联结方式的设计和确定，每个部件实现一定的产品功能，各种功能之间存在着耦合。部件之间的关系不但表现为结构上的物理连接，而且暗含着功能之间的逻辑连接，但它们各自的重要程度并不相同。因此，需要确定部件的权重。通常，由顾客处提取得到的顾客需求重要度，决定了产品技术特征重要度，并进而决定了组成产品的各个零部件的重要度。

根据文献（冯珍，2005）的部件权重确定方案，可以知道部件的权重 I_c' 是由与之相关的产品技术特性的维护重要度系数和关系数确定的，即

$$I_{cj}' = \sum_{i=1}^{l} I_{mi} a_{ij} \tag{2-17}$$

式中，I_{cj}' 为第 j 个部件的绝对权重，设有 n 个部件，$j=1, 2, \cdots, n$；I_{mi} 为第 i 项产品技术特性 CP_i（$i=1, 2, \cdots, l$）的维护重要度系数；a_{ij} 为第 i 项产品技术特性和第 j 个部件间的关系数。

得到归一化部件的权重为

$$I_{cj}'' = \frac{I_{cj}'}{\sum_{j=1}^{n} I_{cj}'} \tag{2-18}$$

它反映了第 j 个零部件对产品整体性能的影响程度，因此可以将零部件作为 DEA 模型中的决策单元。为简便起见，这里假设部件间不存在相关关系，部件的权重就是部件的重要度系数，即 $I_{cj} = I_{cj}''$ 。

在零部件级的质量判断阶段，由于技术状态模糊，关键部件的确定方案不同，会导致质量判断中存在着大量的不确定性，因此在顾客需求调查中还要根据顾客需求确定产品技术特性。通常，一件产品是由若干零部件组成的，例如，

水泵的基本构成是电机、联轴器、泵头(体)及机座（卧式），它的零部件包括泵体，叶轮，轴承体，内、外磁钢总成，泵轴，轴承，前后止推环等大小 19 个，因此需要根据各个零部件的重要度，选择关键部件作为 DEA 质量判断中的决策单元。

关键零部件的定义如下：设一个可修产品处于故障状态，如果一个故障部件修好后，该产品立即进入工作状态，则称相应的故障部件为该产品的关键部件，否则称其为普通部件。

对于关键部件的界定，可以根据零部件的重要度设定一个阈值 I_{clim} ，重要度满足 $I_l \geqslant I_{\text{clim}}$ 的零部件作为关键部件，然后将这些关键部件按其重要度排序，首先对最关键的部件进行质量判断，将每件再利用产品的同种关键部件作为一个决策单元，应用 DEA 模型进行质量判断，如果判断结果是 DEA 有效，则说明该关键部件可直接重用；如果结果是非 DEA 有效，则需要进行维修或更换。这里也需要确定一个阈值，即该部件在多大程度上需要维护或更换。

另外，再利用产品的质量具有相对性，决定了其零部件的技术特征也具有相对性，因此在对关键零部件进行质量判断的时候，也必须确定一个能够判断其质量优劣的参考集。由于顾客只是在使用时对产品表现出来的外在特征比较了解，能够提出相应的要求，但对产品内部零部件组成及结构特征并不熟悉，因此不能再根据顾客需求来确定产品的各项技术特征值。对于零部件，生产企业在设计的时候就已经确定好了生产的技术标准，或者已经有了国家标准、国际标准或企业标准，因此，它的每一项指标都应符合国家、行业环境及技术要求。对于具体产品，还会有具体的行业技术标准。这里，可根据产品设计时的标准来确定标准决策单元，即将产品设计的标准值作为最优产品相应指标的值。另外，产品在哪种程度上更换也是一项需要考虑的问题。由于顾客不了解产品的技术特性，这些指标只能由专家通过经验来获得，依据专家所确定的产品可维修的最低标准作为关键部件的最差决策单元，作为产品维修的阈值。

四 DEA 模型的改进

假设对 n 件再利用产品进行零部件级的质量判断，依据顾客对产品的 l 个方面的要求，一方面，可以根据产品技术特性确定单个产品最重要的关键部件，则 n 件这样的同类部件可视为 n 个决策单元；另一方面，依据第四节中的方法，选择适当的输入、输出指标体系，可表示为 m 种类型的“输入”，以及 s 种类型的“输出”。另外，将此关键部件的设计标准作为标准决策单元，将专家确定的可维修的零部件作为最差决策单元，于是共有 $n+2$ 个决策单元，这 $n+2$ 个决策单元的输入、输出指标要保持一致，其中标准决策单元称为决策单元 $n+1$，

最差决策单元称为决策单元 $n+2$。那么，决策单元 $n+1$ 的输入向量为

$$X_{n+1}=(x_{1,\,n+1},\ x_{2,\,n+1},\ \cdots,\ x_{i,\,n+1},\ \cdots,\ x_{m,\,n+1})^{\mathrm{T}},\ i=1,\ 2,\ \cdots,\ m \tag{2-19}$$

输出向量为

$$Y_{n+1}=(y_{i,\,n+1},\ y_{2,\,n+1},\ \cdots,\ y_{r,\,n+1},\ \cdots,\ x_{s,\,n+1})^{\mathrm{T}},\ r=1,\ 2,\ \cdots,\ s \tag{2-20}$$

决策单元 $n+2$ 的输入向量为

$$X_{n+2}=(x_{1,\,n+2},\ x_{2,\,n+2},\ \cdots,\ x_{i,\,n+2},\ \cdots,\ x_{m,\,n+2})^{\mathrm{T}} \tag{2-21}$$

$$x_{i,\,n+1}\leqslant x_{i,\,n+2}\leqslant \max(x_{i1},\ x_{i2},\ \cdots,\ x_{im})$$

$$r=1,\ 2,\ \cdots,\ m$$

输出向量记为

$$Y_{n+2}=(y_{1,\,n+2},\ y_{2,\,n+2},\ \cdots,\ y_{r,\,n+2},\ \cdots,\ y_{s,\,n+2})^{\mathrm{T}} \tag{2-22}$$

$$\min(y_{r1},\ y_{r2},\ \cdots,\ y_{rn})\leqslant y_{r,\,n+2}\leqslant y_{r,\,n+1}$$

$$r=1,\ 2,\ \cdots,\ s$$

依据 DEA 的基本模型 C^2R 模型的建立方法，对其进行改进，得到非阿基米德无穷小量 ε 的 C^2R 模型：

$$\min[\theta-\varepsilon(\hat{e}^{\mathrm{T}}S^{-}+e^{\mathrm{T}}S^{+})]=V_D$$

$$\text{s.t.}\begin{cases}\sum\limits_{j}^{n+2}\lambda_j x_j+S^{-}=\theta x_0\\ \sum\limits_{j=1}^{n+2}\lambda_j y_j-S^{+}=y_0\\ \lambda_j\geqslant 0,\ j=1,\ 2,\ \cdots,\ n+2\\ S^{+}\geqslant 0,\ S^{-}\geqslant 0\end{cases} \tag{2-23}$$

该模型是以 n 件再利用产品中的同一种关键部件作为基本决策单元，将标准决策单元和最差决策单元作为虚拟决策单元，对这 $n+2$ 个关键零部件进行质量判断得到的。其中，标准决策单元的选择是在外界竞争环境没有太大变化、产品的技术标准还维持在生产设计时的状态下确定的。

五 案例分析

1. 指标体系和原始数据

假设对回收的若干水泵已进行了产品级的质量判断，从中确定出有 8 台水泵都是相对于最优决策单元无效，而相对于最差决策单元有效的，说明这些水泵需要进行零部件级的质量判断，以确定这 8 台水泵需要通过对哪些零部件的

维修或更换来使其恢复原有功能，再一次进入市场参与竞争。

首先，调查顾客需求，根据顾客需求确定水泵的技术特性重要度。根据输入、输出指标的选择原则，通过总结，可将输入、输出指标确定为实际耗电量、噪声、故障率、转速。这些指标中既有定量指标，如实际耗电量、故障率和转速，也有根据专家经验进行评分得到的定性指标，如噪声。对于定性指标，可以取 0 到 1 之间的实数。在这些指标中，可将成本型指标如耗电量、噪声和故障率作为输入指标，效益型指标如转速作为输出指标。

通过这些技术特性的重要度最终确定的关键部件为电机。这样，就把 8 台水泵中的电机作为质量判断的决策单元，其中每台电机可作为一个决策单元。其评价指标如表 2-4 所示。

表 2-4　关键部件 DEA 评价指标及原始数据

指标	电机 1	电机 2	电机 3	电机 4	电机 5	电机 6	电机 7	标准电机 8	最差电机 9
耗电量（kW・h）	40	40.5	41	43	40.3	43	41.2	39.5	41
噪声	0.3	0.39	0.41	0.33	0.42	0.35	0.42	0.35	0.35
故障率/‰	2.1	2.5	2.8	2.8	2.4	2.1	2.3	2.6	2.2
转速/（转/分）	994	980	970	985	992	993	989	990	980

2. DEA 评价模型

对于所选择的最关键部件电机，根据其输入、输出指标和改进的 C^2R 模型，建立判断每一决策单元质量有效性的线性规划模型，共可建立 9 个，应用 MATLAB 软件对每一模型进行求解，可计算出每台电机的质量有效值，计算结果如表 2-5 所示。

表 2-5　关键部件 DEA 评价运算结果

项目	电机 1	电机 2	电机 3	电机 4	电机 5	电机 6	电机 7	标准电机 8	最差电机 9
质量有效值	1	0.9680	0.9440	0.9208	0.9861	0.9990	0.9990	1	0.9612
S_1^-	0	0	0	0	0	2.9970	2.9970	0	0
S_2^-	0	0.0465	0.0441	0	0.0875	0.0499	0.0499	0	0.0362
S_3^-	0	0	0.0001	0.0004	0	0	0	0	0
S^+	0	0	0	0	0	0	0	0	0

3. 关键部件电机评价结果分析

在表 2-5 的计算结果中，标准电机的质量有效值为 1，记为 $\theta_{max}=1$，是 DEA 有效的，代表此参考集的最优水平。而最差电机的质量有效值为 0.9612，表明电机可进行维修的最低标准，可作为零部件维修与更换的阈值，记为 θ_{min}。若电机质量有效值 θ 与标准电机相比较，有 $\theta \geqslant \theta_{max}$，则说明该电机可直接重用；若电机质量有效值与阈值相比较，有 $\theta < \theta_{min}$，则该电机需要更换才能使整体水泵质量有效值提高；若电机质量有效值介于标准电机质量有效值与此阈值

之间，即 $\theta_{\min} < \theta < \theta_{\max}$ ，则说明该电机有改进的余地，可通过维修使之恢复原有功能。

从表 2-5 中可以看出，除标准电机质量判断值为 1 以外，电机 1 的质量判断值也为 1，是 DEA 有效的，说明该电机是所有参评电机中质量最好的，可直接重用；而电机 3 和电机 4 的质量有效值为 0.9440 和 0.9208，小于阈值 0.9612，即该电机需要更换；其余电机 2、电机 5、电机 6、电机 7 的质量有效值分别为 0.9680、0.9861、0.9990、0.9990，介于标准电机与最差电机之间，可通过维修恢复其原有功能。其中，电机 6 和电机 7 质量有效值相同，只能说明它们的质量总体水平相当，并不能说明它们的内部结构具有相同的质量水平。

以上是对最关键的零部件进行质量判断。之后，还需要依次选取次关键部件进行上述流程的质量判断，并确定这些部件的解决方案，使再利用产品的整体质量达到顾客满意的水平。

第三章 再利用产品的质量改进

第一节 基于质量功能配置产品循环再利用质量改进设计过程

一 质量功能配置

质量功能配置（quality function deployment，QFD）于 20 世纪 70 年代起源于日本三菱重工的神户造船厂。为了应付大量的资金支出和严格的政府法规，神户造船厂的工程师们开发了一种被称为“质量功能配置”的上游质量保证技术，取得了很大的成功。他们用矩阵的形式将顾客需求和政府法规同如何实现这些要求的控制因素联系起来。该矩阵也显示出每个控制因素的相对重要度，以保证把有限的资源优先配置到重要的项目中去。

20 世纪 70 年代中期，QFD 相继被其他日本公司所采用。丰田公司于 70 年代后期使用 QFD，取得了巨大的经济效益，新产品开发启动成本累计下降了 61%，而开发周期缩短了 1/3。今天，在日本，QFD 已被成功应用于电子仪器、家用电器、服装、集成电路、合成橡胶、建筑设备和农业机械领域。

福特汽车公司于 1985 年在美国首先采用 QFD。80 年代早期，福特汽车公司面临着竞争全球化、劳工和投资资本日益增加、产品生命周期缩短、顾客期望率提高等严重问题，采用 QFD 使福特汽车公司的产品市场占有率得到改善。今天，美国许多公司都采用了 QFD，包括惠普公司、通用汽车公司、克莱斯勒汽车公司等，在汽车、家用电器、船舶、变速箱、涡轮机、印刷电路版、自动购货系统、软件开发等方面都有成功应用 QFD 的报道。

目前尚没有统一的 QFD 定义，但业界已达成如下共识：

(1) QFD 的最为显著的特点是要求企业不断地倾听顾客的意见和需求，然后通过合适的方法和措施在开发的产品中体现这些需求，也就是说，QFD 是一种顾客驱动的产品开发方法。

(2) QFD 是在实现顾客要求的过程中，帮助产品开发的各个职能部门制定出各自的相关技术要求和措施，并使各职能部门能协调工作的方法。

(3) QFD是一种在产品设计阶段进行质量保证的方法。

(4) QFD的目的是使产品以最快的速度、最低的成本和最优的质量占领市场。

一般认为，QFD是从质量保证的角度出发，通过一定的市场调查方法获取顾客需求，并采用矩阵图解法将对顾客需求的实现过程分解到产品开发的各个过程和各职能部门中去，通过协调各部门的工作以保证最终产品质量，使得设计和制造的产品能真正地满足顾客的需求。简单地说，QFD是一种顾客驱动的产品开发方法。

目前关于QFD的研究主要集中于三个方面：①介绍QFD的功能和应用方法及软件开发；②QFD应用研究，QFD不仅被用于产品开发，也被广泛应用于产品的改进设计和诊断，而且也被用于其他多目标决策问题，如厂址选择问题等；③QFD方法研究，集成其他方法扩展和改进QFD方法，如应用模糊线性回归或神经网络的方法确定“质量屋”中的关系数，和数学优化问题结合确定目标值等。

二 产品循环再利用质量改进设计过程

在产品循环再利用概念模型中，停用后的产品如经回收级别判断后可再利用，面对再利用用户，大多数停用的产品需要按照用户需求进行质量改进后再利用，以提高顾客对旧产品的满意度，由此提出使用QFD方法，对即将重用的产品进行质量改进设计。因此，产品循环再利用质量改进设计是产品循环再利用工程中的重要研究内容。我们提出把QFD应用于一个新的领域——产品循环再利用质量改进设计，对基于QFD的产品循环再利用质量改进设计过程进行了研究；在具体的按照再利用用户需求的质量改进设计中，再利用产品的功能、维护成本和再利用价值需集成考虑。受现有QFD研究成果的启发，我们建立了基于QFD的产品循环再利用质量改进设计过程。

首先，调查和分析顾客需求。顾客需求的获取是QFD过程中最为关键也是最为困难的一步。要通过各种市场调查方法和各种渠道搜集顾客需求，然后进行汇集、分类和整理，对于用过的产品，必须集合产品的技术状态和当前的维修技术确定可维护的顾客需求，并用权重来表示顾客需求的相对重要度。其次，进行顾客需求的瀑布式分解。采用矩阵（也称为“质量屋”）的形式，将顾客需求逐步展开，分层地转换为产品特性改进需求、部件维护需求、维护工艺特性和质量控制方法。在展开过程中，上一步的输出就是下一步的输入，构成瀑布式分解过程，QFD从可维护的顾客需求开始，经过四个阶段，即四步分解，用四个矩阵，得出产品的维护工艺和质量控制参数，如图3-1所示。

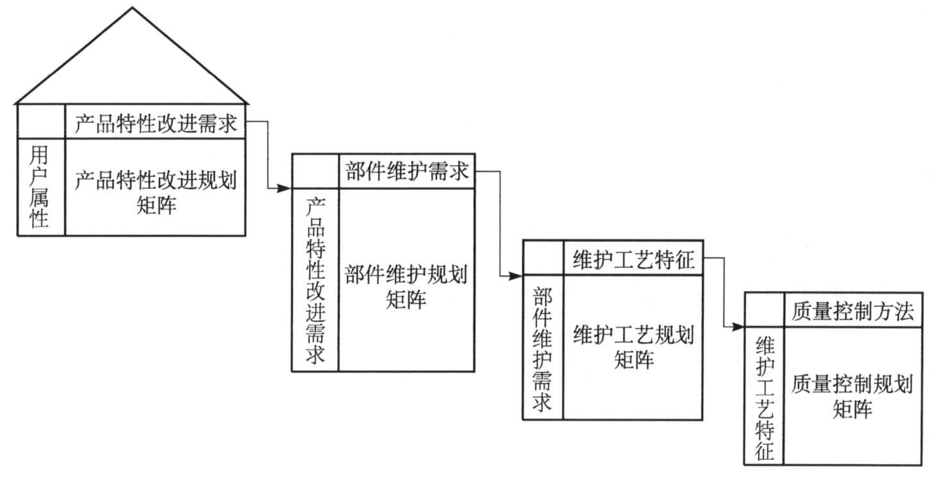

图 3-1　基于 QFD 的产品循环再利用质量改进设计瀑布式分解过程

这四个阶段是：

(1) 产品特性改进规划阶段。我们称可维护的顾客需求为用户属性，可维护的工程特性为产品特性。通过产品特性改进规划矩阵，也称质量屋 1 (house of quality 1，HoQ1)，将用户属性转换为产品特性改进需求（最终产品特征），确定各个产品特性改进目标值。

(2) 部件维护规划阶段。利用前一阶段定义的产品特性改进需求，并通过部件维护矩阵 HoQ2 确定部件维护方案。

(3) 维护工艺规划阶段。通过维护工艺规划矩阵 HoQ3，确定为保证实现关键的产品特性和部件特性所必须保证的维修工艺参数。

(4) 质量控制规划阶段。通过质量控制规划矩阵 HoQ4 将关键部件特征和工艺参数转为具体的质量控制方法。

第二节　价值工程在再利用产品质量改进中的应用

一 价值工程

价值工程（value engineering，VE），又称为价值分析（value analysis，VA)，是以提高实用价值为目的，以开发集体智力资源为基础，以功能分析为核心，以科学的分析方法为工具，以最低的寿命周期成本实现产品的必要功能的有组织的活动。价值工程涉及产品价值 V、功能 F 和寿命周期成本 C 这三个基本要素。三者之间的关系为

$$V = F / C \tag{3-1}$$

价值工程的核心是对产品进行功能分析。目标是以最低的寿命周期成本，使产品具备它所必须具备的功能。产品的寿命周期成本由生产成本和使用及维护成本组成，即通过降低成本来提高价值的活动应贯穿于生产和使用全过程。价值工程将产品价值、功能和寿命周期成本作为一个整体同时考虑。

在诞生短短50多年时间里，价值工程已从一种工具或技巧演变成为一种方法论。20世纪70年代以来，价值工程在世界各国尤其在工业发达国家得到了迅速和普遍的应用。日本企业界将价值工程、工业工程与全面质量管理视为企业管理的三大技术。价值工程既是一种思想方法，又是一种优化技术。它采用独特的、系统化的方法分析问题和解决问题，通过较低的资源消耗为客户提供优质产品和服务，有助于公司创造竞争优势。

价值工程的理念给产品循环再利用提供了一个全新的视角，从而充分了解各利益相关者的需求，运用科学的手段对他们的需求进行分析、研究和质量改进，真正实现产品的价值。用最低的维护成本实现功能的最大效用和提高再利用用户的满意度是产品循环再利用的关键问题，价值工程是着重于功能分析，力求用最低的全生命周期成本可靠地实现必要功能的有组织的创造性活动。

二 运用价值工程提高产品循环再利用价值的途径

由式（3-1）可以得知，产品的价值取决于功能与获得该功能的全部费用之比。比值越大，价值越高，说明产品合理、有效利用资源的程度和产品物美价廉程度越高；反之，则说明资源没有得到有效利用，应该改进和提高。再利用价值随再利用功能的增加而增加，再利用价值随再利用成本的减少而增加。图3-2阐述了再利用价值随功能、再利用成本变动的运动情况，并且指出了提高价值的途径：

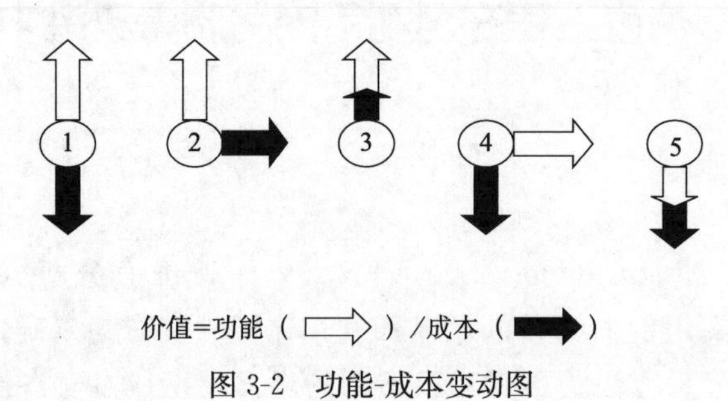

图3-2 功能-成本变动图

（1）成本降低，功能提高（$F\uparrow / C\downarrow = V\uparrow$大）；

（2）成本不变，功能提高（$F\uparrow/C\rightarrow=V\uparrow$）；

（3）成本略有增加，功能大幅度提高（$F\uparrow$大 $/C\uparrow$小$=V\uparrow$）；

（4）功能不变，成本下降（$F\rightarrow/C\downarrow=V\uparrow$）；

（5）功能略有下降，成本大幅度下降（$F\downarrow$小 $/C\downarrow$大$=V\uparrow$）。

值得注意的是，虽然削减或去掉成本耗费极大的次要功能也可以提高价值，但是在使用过程中一定要谨慎。一定不要削弱顾客最感兴趣的那些产品功能，因为正是这些功能是产品循环再利用的关键点。价值工程对产品循环再利用的意义如下：

（1）运用价值工程可设计产品循环再利用质量改进方案。产品循环再利用质量改进方案的优劣直接决定着产品的再利用价值大小，因此在质量改进设计阶段认真推行价值工程具有很大的意义，体现为调动设计人员的创造性与积极性，开展技术挖潜，通过科学的分析研究，使设计的再利用方案在满足适当的功能水平下，产品的寿命周期成本最低。

（2）运用价值工程可以降低维护成本。在满足再利用用户需求的前提下，运用价值工程降低维护成本，从而提高再利用价值。

（3）运用价值工程实现产品再利用的最大绩效。大多数停用的产品需要按照用户的需求进行维护后再利用，针对用户对用户属性的要求，以价值工程为理论依据，评估产品再利用方案的绩效，选择最大再利用绩效方案。

三 价值工程运用于再利用产品质量改进的过程分析

开展价值工程活动的整个过程就是一个提出问题、分析问题和解决问题的过程，一般分为分析、评价、优化三个阶段，如表 3-1 所示。表 3-1 描述了与三个阶段相对应的基本程序、详细程序及其原因等的价值工程问题。在分析阶段，主要是做些准备工作。首先应当确定应用价值工程的具体对象，接着根据确定的对象收集有关资料，成立价值工程联合研究小组对目标进行功能分析与定义，并结合项目的各参与方对于项目意见的重要程度，最终科学地确定出项目各功能的重要程度。评价阶段主要是进行方案创造，并评价选择出最优方案。方案创造是指针对价值工程研究对象，根据再利用用户的功能要求，在已进行的功能分析评价基础上，发挥创造性思维的作用，积极大胆地构思实现功能的方案。这是价值工程能否取得成效的关键步骤。在创造阶段，价值工程联合研究小组必须要打破等级、部门和传统的障碍，尽量多地提出再利用改进方案。在优选方案确定以后，我们可以将方案进一步细分成各个分部分项工程，从功能和成本两方面对研究对象进行改进，对选定的方案进行进一步的优化，找出具有较大成本降低幅度的分项工程。

表 3-1　价值工程工作的一般程序

决策的一般程序	价值工程实施程序		价值工程提问
	基本程序	详细程序	
分析	功能定义	收集情报	这是什么
		功能定义	它是做什么用的
		功能整理	
	功能评价	功能成本分析	它的成本量多少
		功能评价选择对象范围	它的价值是多少
评价	制订改进方案	方案创造	有无其他的方法实现同样的功能
		初步评价	新方案的成本量是多少
		具体化、调查详细评价提案	新方案能满足要求吗
优化	方案优化	根据确定的目标成本进一步改进某些分部工程	最优方案中最需要降低成本的是哪个分部工程

我们可以应用 QFD 按照再利用用户需求规划质量改进方案，在具体的规划中价值工程从技术和经济两方面相结合的角度研究如何提高产品、系统或者服务的价值，降低其成本以取得良好的技术经济效果，是一种符合客观实际的、谋求最佳技术经济效益的有效方法。QFD 和价值工程结合运用在产品循环再利用中，有利于节约成本，发挥组织者的创造能动性，提高产品再利用的经济效益，更好地满足再利用用户的需求，实现再生利用的价值。

第三节　模糊用户需求约束下再利用产品质量改进设计

一　再利用产品质量改进设计的 QFD 方法

大多数停用的产品需要按照用户需求进行质量改进后再利用，多数再利用用户希望停用后的产品在满足用户需求的情况下，价格较低，所以在用户对每个需要质量改进的用户属性有具体要求的情况下，质量改进成本最低应该成为质量改进设计的规划目标。在实践中，用户对用户属性的要求改进率通常具有一定的模糊性，因此我们应用模糊理论、QFD 和价值工程的方法研究用户要求，通过改进约束为模糊约束来设计产品循环再利用质量改进方案。

QFD 是一种按照用户需求规划设计产品的方法，应用在产品循环再利用质量改进设计中，分为“质量屋”的建立和决策两个步骤。首先，运用市场调查技术和各种分析工具，收集必要的产品特征信息和再利用用户信息，建立“质量屋”：

(1) 首先调查用户对停用后产品的用户需求、期望改进率和伸缩指标，用户对产品的某些需求属性，如结构尺寸已客观上不可改变，因此必须结合产品的技术状态和专家的意见确定可进行质量改进的用户属性、属性改进率和伸缩指标；

(2) 确定与之相关的产品特性和产品特性的当前值，改进产品特性的成本系数和最优值等；

(3) 建立用户属性和产品特性之间的关系矩阵和产品特性自相关矩阵。

然后进行“质量屋”决策。用户对每个需要质量改进的用户属性的改进要求具有一定的模糊性，我们以质量改进成本最小化为目标，把用户需求改进要求约束视为模糊约束，利用价值工程原理建立模糊规划模型，帮助质量改进人员设计出有效的质量改进方案。

二 质量改进模型结构

决策变量为每个产品特性的计划改进率。质量改进设计的目的是质量改进成本最低。由此建立模糊线性规划模型（FLP）为

$$\min C_{\mathrm{m}} = \sum_{j=1}^{J} c_j \Delta x_j \tag{3-2}$$

$$\text{s.t.} \sum_{j=1}^{J} r_{ij} \Delta x_j^r \underset{\sim}{\geqslant} y_i,\ i=1,\ 2,\ \cdots,\ I \tag{3-3}$$

$$\sum_{k=1}^{J} p_{jk} \Delta x_k = \Delta x_j^r,\ j=1,\ 2,\ \cdots,\ J \tag{3-4}$$

$$0 \leqslant \Delta x_j \leqslant 1,\ j=1,\ 2,\ \cdots,\ J \tag{3-5}$$

式中，J 为产品特性的总数；I 为用户属性总数；C_{m}为质量改进成本；c_j 为产品特性的改进成本系数，$j=1,\ 2,\ \cdots,\ J$；Δx_j 为产品特性的计划改进率，$j=1,\ 2,\ \cdots,\ J$；Δx_j^r 为产品特性的实际改进率，$j=1,\ 2,\ \cdots,\ J$；y_i 为用户属性改进率，$i=1,\ 2,\ \cdots,\ I$；r_{ij} 为用户属性和产品特性之间的关联系数；p_{jk} 为产品特性之间的相关系数，$k=1,\ 2,\ \cdots,\ J$。其中“$\underset{\sim}{\geqslant}$”表示弹性约束，意思是近似大于等于。设 $X=\{x \mid x \in R^n,\ x \geqslant 0\}$，$t_i = \sum_{j=1}^{J} r_{ij} \Delta x_j^r$，对于式（3-3）中每一个模糊约束 $t_i \underset{\sim}{\geqslant} y_i$，对应的一个模糊子集 $\underset{\sim}{A_i}$，其隶属函数可定义为

$$\underset{\sim}{A_i}(t_i) = \begin{cases} 0 & t_i < y_i - d_i \\ 1 + (t_i - y_i)/d_i & y_i - d_i \leqslant t_i < y_i \\ 1 & t_i \geqslant y_i \end{cases}$$

式中，d_i为用户需求改进率的伸缩指标，$d_i \geqslant 0$，由市场调查确定。

在模型中，决策变量为产品特性 C_{pj} 的计划改进率，产品特性指标有正指标和负指标两种类型，它们的计划改进率 Δx_j 分别由 $\Delta x_j = \dfrac{x_j - x_j^p}{x_j^* - x_j^p}$，$\Delta x_j = \dfrac{x_j^p - x_j}{x_j^p - x_j^*}$ 求出，式中，x_j 为产品特性的计划改进值，x_j^p，x_j^o，x_j^* 分别为产品特性的当前值、原有功能

值和计划改进的最优值，因此 $0 \leqslant \Delta x_j \leqslant 1$。

另外，产品特性之间存在相关性，所以产品特性的实际改进率 Δx_j^r 包括两部分（陈以增等，2002）：一部分是 C_{pj} 的单纯改进，称为计划改进率 Δx_j，另一部分是其他相关产品特性改进引起 C_{pj} 的改进，即 $\sum_{\substack{k=1 \\ k \neq j}}^{J} p_{jk} \Delta x_k$，可用 $\Delta x_j^r = \Delta x_j + \sum_{\substack{k=1 \\ k \neq j}}^{J} p_{jk} \Delta x_k = \sum_{k=1}^{J} p_{jk} \Delta x_k$ 表达，用户属性 A_{ci} 的改进率 y_i 是由与之相关的各产品特性实际改进率确定的，即 $y_i = \sum_{j=1}^{J} r_{ij} \Delta x_j^r$。为了满足再利用用户的改进需求，可得约束条件式（3-3）和式（3-4）。

三 模糊线性规划模型求解

为了求得目标函数在模糊约束下的最优解，需要将目标函数模糊化。记 $t_0 = \sum_{j=1}^{n} c_j x_j$，$C_{m0}$ 为普通约束 $\sum_{j=1}^{J} r_{ij} \Delta x_j^r \geqslant y_i$ 下，替换上述 FLP 式（3-3），称为 LP0 规划的目标函数最优值，C_{m1} 由约束为 $\sum_{j=1}^{J} r_{ij} \Delta x_j^r \geqslant y_i - d_i$ 替换 FLP 式（3-3），称为 LP1 规划的目标函数最优值，设 d_0 为质量改进成本的伸缩指标，则 $d_0 = C_{m0} - C_{m1}$。相应的模糊目标集 $\underset{\sim}{G}$ 可定义为

$$\underset{\sim}{G}(t_0) = \begin{cases} 1 & t_0 \leqslant C_{m0} - d_0 \\ (C_{m0} - t_0)/d_0 & C_{m0} - d_0 < t_0 \leqslant C_{m0} \\ 0 & t_0 > C_{m0} \end{cases}$$

令 $\underset{\sim}{A} = \bigcap_{i=1}^{m} \underset{\sim}{A_i}$ 为模糊约束集，它可代表模糊约束（3-3），为了兼顾模糊约束集 $\underset{\sim}{A}$ 和模糊目标集 $\underset{\sim}{G}$，可采用 $\underset{\sim}{A} \cap \underset{\sim}{G}$ 进行模糊判决，再用最大隶属原则求最优解（谢季坚和刘承平，2006），由此建立求 FLP 最优解的线性规划模型 2（LP2）：

$$\begin{aligned} & \max \lambda \\ & \text{s. t.} \sum_{j=1}^{J} c_j x_j + d_0 \lambda \leqslant C_{m0} \\ & \sum_{j=1}^{J} r_{ij} \Delta x_j^r - d_i \lambda \geqslant y_i - d_i, \ i=1, \cdots, I \\ & \sum_{k=1}^{J} p_{jk} \Delta x_k = \Delta x_j^r, \ j=1, 2, \cdots, J \\ & 0 \leqslant x_j \leqslant 1, \ j=1, 2, \cdots, J, \lambda \geqslant 0 \end{aligned}$$

式中，λ 为阈值或置信水平。

求出 LP2 的最优解 $(x_1^*, x_2^*, \cdots, x_J^*, \lambda^*)$，则 FLP 的模糊最优解为 $(x_1^*, x_2^*, \cdots, x_J^*)$，模糊最优值为 $\sum_{j=1}^{J} c_j x_j^*$。这个最优解既兼顾了用户需求改进约束的满足程度，又考虑了质量改进成本最小化。

四 案例分析

某批同型号水泵使用 2 年后被停用，准备在某市场出售，出售前利用质量功能配置和价值工程的方法进行质量改进设计。所调查的可进行质量改进的用户属性有水密性好、能耗低、安全可靠和使用寿命长，分别给予标号 $A_{c1} \sim A_{c4}$，由此配置必须进行质量改进的产品特性：水密性（1～5）、耗电率（kW・h）、润滑状况（1～5）、可靠性（%）、扬程变化范围（±%）和再利用寿命（h），分别给予标号 $P_{c1} \sim P_{c6}$。调查和确定用户属性的用户要求改进率和伸缩指标如表 3-2 所示，建立水泵质量改进设计规划的质量屋，见表 3-3，包括产品特性间相关矩阵、用户属性-产品特性相关矩阵、产品特性改进矩阵。

表 3-2　用户需求改进数据

用户属性		权重	用户要求改进率	伸缩指标
A	A_{c1}	0.28	0.36	0.03
	A_{c2}	0.31	0.42	0.05
	A_{c3}	0.24	0.15	0.02
	A_{c4}	0.17	0.18	0.04

表 3-3　质量屋

产品特性		P_{c1}	P_{c2}	P_{c3}	P_{c4}	P_{c5}	P_{c6}
产品特性间相关矩阵	P_{c1}	1	0	0.21	0	0	0
	P_{c2}	0	1	0	0	−0.09	0
	P_{c3}	0.21	0	1	0	0	0
	P_{c4}	0	0	0	1	0	0.12
	P_{c5}	0	−0.09	0	0	1	0
属性		P_{c1}	P_{c2}	P_{c3}	P_{c4}	P_{c5}	P_{c6}
用户属性产品特性相关矩阵	A_{c1}	1	0	0.28	0	0	0.23
	A_{c2}	0	1	0.25	0	0	0
	A_{c3}	0.10	0	0	0.96	0.54	0
	A_{c4}	0	0	0.35	0	0	0.86
项目		正	负	正	正	负	正
产品特性改进矩阵	当前值	3.50	3.20	3.00	85	9.0	2100
	原有值	4.60	2.80	3.80	97	8.5	2100
	计划最优值	4.50	2.00	3.80	97	8	2400
	成本系数	0.21	0.28	0.09	0.25	0.23	0.32

在满足用户需求的约束条件下，用户要求价格低，由此，以质量改进成本最低

为目标，按式（3-2）～式（3-5）建立该市场的模糊线性规划模型 FLP。首先将目标函数模糊化，按上述分别建立规划模型 LP1 和 LP2，求解得 $d_0 = C_{m0} - C_{m1} = 0.18 - 0.15 = 0.03$（千元），由此建立线性规划 LP2，得到模糊线性规划（FLP）的解，如表 3-4 所示。普通线性规划的最优解产品特性的计划改进率为 $(0, 0.28, 0.77, 0.15, 0, 0)^T$，与表 3-4 的优化结果对比分析，对于需要改进的产品特性耗电率、润滑状况和可靠性的计划改进率，模糊优化结果计划改进率均低于普通优化结果，这是由于用户需求改进为弹性约束的缘故，降低了一点期望值，得到了质量改进成本为 0.16 千元的质量改进方案，模糊优化结果既兼顾了用户需求改进约束的满足程度，又考虑了质量改进成本最小化。

表 3-4　模糊优化结果

产品特性		计划改进率	计划改进值
$\lambda=0.61$	P_{c1}	0	3.50
	P_{c2}	0.22	2.93
	P_{c3}	0.70	3.56
	P_{c4}	0.14	86.73
	P_{c5}	0	9.00
	P_{c6}	0	2100

通常用户要求改进率具有一定的模糊性，利用 QFD 和价值工程的方法建立了以质量改进成本最低为目标的模糊线性规划模型，并给出了求解算法，模糊优化结果既兼顾了用户需求改进约束的满足程度，又考虑了质量改进成本最小化。案例表明，该模型在用户要求改进率为模糊值的情况下，能帮助质量改进人员有效地规划出较优的设计方案。建立产品循环再利用质量改进设计模糊规划模型的基本思想和方法，可应用于产品改进设计或其他领域。

第四章 产品循环再利用的价值分析

第一节　产品循环再利用价值分析的基本思路

产品循环再利用价值分析是面对市场的一个价值分析应用，目的是为停用的产品初步寻求可能的发展模式，寻找此时产品本身性能所适合的进一步的发展。当确认了下一步的服务对象和领域后，需要结合特定的用户群体或定位市场进行使用价值分析，也就是判定产品在该市场是否具有再利用价值，是否可用。

传统的回收级别判断是通过研究产品本身的拆卸回收成本、回收技术和工艺、环境影响和回收收益等因素确定产品的拆卸方式和回收级别，产品循环再利用价值分析是对回收级别判断研究的扩展，是回收级别判断的一个重要部分。产品被停用后首先应该进行产品级再利用价值分析，如果确实没有再利用价值，再进行传统的回收级别判断。

产品被停止使用后，处于技术状态模糊阶段。此时需要对其进行价值定位和判断，以便找到其更好的发展模式及市场价值定位。由于顾客对产品的功能和质量不了解，需要专家的参与和认定。产品级再利用价值确认分以下 4 个步骤。

步骤 1：组建产品级再利用价值分析组。

由于停止使用后的产品技术状态模糊，需要技术专家的参与，有可能的话，专家组应该包括产品的前次使用者和维修过此产品的部门专家，所以产品再利用价值分析组应该由顾客群体和专家共同组成。这里的“顾客”要全面、均衡、科学地定义，均需要从以下几方面对顾客进行辨识：顾客的社会属性，如职业、社会地位等；顾客的自然属性，如年龄、性别等；顾客的分类状况，如地理分布、职业分布等；顾客的消费状况，如当前的顾客、过去的顾客、潜在顾客等。(实现的可能性)。

步骤 2：子系统界定和数据采集。

产品级再利用系统是产品系统中的一个子系统，用生命周期评价法（LCA）对产品级再利用子系统进行界定，通过清单分析对产品直接再利用或维护后再利用的数据做出采集和预测，建立产品级再利用价值分析的数据库和知识库。

步骤 3：选择限定性标准。

限定性标准是使产品成为可用产品的最低标准。限定性标准可以从国际标准、国家标准、环保部门标准、行业标准中选择，另外，不仅要选择产品本身的标准，而且要选择产品使用标准、产品回收标准等。

在决策旧产品是否重用时，首先要判断旧产品本身或经过维护后，继续使用及使用后回收是否符合从功能性、经济性到绿色性等所有限定性标准，满足这一条件才是可用产品。如果不符合任何一条该地域或行业的限定性标准，则产品就不是该市场的可用产品，应该重新寻求新的发展方式或回收方案。限定性标准随着地域、行业等的不同而不同。

步骤 4：确定或预测综合指数。

如果产品可直接再利用，用产品级再利用满意度分析法确定产品的再利用价值综合指数。产品的再利用价值是由产品级再利用满意度确定的，其实产品的再利用价值综合指数就是产品级再利用满意度，顾客对产品的价格、功能等方面满意，就说明产品在该市场具有再利用价值。

大部分停用后的产品需要按照再利用顾客的需求对产品进行维护，通过预测维护后可能达到的因素值和产品级再利用满意度分析法，初步推测产品的再利用价值的综合指数，确认产品可再利用，然后对其进行维护。

第二节　产品循环再利用价值的可拓评价

一　可拓学的基本理论

现实世界有很多矛盾问题，如用一杆最多称 200 千克的秤，却要称数吨重的大象；公安部门凭借少量的信息，却要侦破复杂的案件；发明者根据少量的功能要求，却要构思复杂的新产品；靠左行驶的公路系统和靠右行驶的公路系统要连接成一个大系统，等等。这些问题在人们的生活和工作中无处不在，人类社会就是在处理各种各样的矛盾问题中不断向前发展的。而可拓论的研究对象就是客观世界中这类矛盾问题，包括主观与客观矛盾问题、主观与主观矛盾问题、客观与客观矛盾问题。可拓学同时提出了用形式化的方法探讨解决矛盾问题的研究方向（蔡文等，2003）。

对于矛盾问题，仅靠数量关系的处理是无法解决的，曹冲称象的关键在于把大象换成石头这一事物形式的变换。把高于门的柜子搬进房间，采取了把柜子“放倒”的方法，其中的关键是把柜子高度与门高度的矛盾转化为柜子的长度与门高度的相容关系。由此可见，我们不能仅停留在对数量关系的研究上，而必须研究事物、特征和量值，必须研究这三者的关系及其变化，才能得到解决矛盾问题的方案。为此，可拓学建立了物元的概念，对事物、特征和量值进行综合考虑，作为可拓论的逻辑细胞。可拓性是可拓论的重要概念，是解决矛盾问题的依据。为了解决矛盾问题，必须对事物进行拓展，事物拓展的可能性称为事物的可拓性，实现了的拓展称为开拓。事物的可拓性用物元的可拓性来描述。为了解决矛盾问题，必须研究事物具有某种性质向具有另一种性质的转化，可拓学又建立了可拓集合的概念，以便定量地描述这种转化，其可拓域就是不具有某种性质的事物，在一定变换下能转化为具有该性质的事物的全体。

可拓论有两个支柱，一个是研究物元及其变换的物元理论；另一个是作为定量化工具的可拓集合论，它们构成了可拓论的硬核。这两个支柱与其他领域的理论相结合，产生了相应的新知识，形成了可拓论的软体。以可拓论为基础，发展了一批特有的可拓方法，如物元可拓方法、物元变换方法和优度评价方法等，这些方法与其他领域的方法相结合，产生了相应的可拓工程方法。可拓学研究了解决矛盾问题的形式化工具，包括定性化和定量化工具。

可拓评价法则是建立在可拓集合论基础上的评价方法。该方法不仅能从数量上反映被评价对象本身存在状态的所属程度，而且更具特色的是能从数量上刻画何时为此性态与彼性态的分界，可拓集合的正域、负域、零界等概念的引入为描述对象的动态性态带来了方便。由于具有上述理论基础，可拓评价法具有以下特点：

（1）可拓评价法适用范围广，能够与其他学科的专业知识相结合，开发出具备本领域特色的应用技术，更好地发挥协同效应。

（2）可拓评价法既能用于待评价对象间的横向评价，又能用于纵向评价；不仅可以进行待评对象的总体评价，还可以进行局部评价。

（3）关联函数可以把“具有性质 P”的指标从定性描述拓展到“具有性质 P 的程度”的定量描述，通过关联函数值可以明确待评对象和取值区间的符合程度，从而为改进决策提供依据。

用简单关联函数确定相应参评指标的可拓权重系数，尽量减少主观性的影响。关联函数的应用不仅能为总体评价指标赋权重，而且可以为分项指标单独赋权重，使评价体系更具灵活性。

可拓评价法在检测、控制、管理、信息、计算机、经营决策、产品创新、人工智能等领域有着广阔的应用前景。可拓评价法已被应用于古人类化石识别等可拓识别方面和疾病预警等可拓预测方面，也有人把这种方法应用于战术最佳配置、教学评估、职称评定、人体发育测定、科研成果评选、学生成绩综合评定和地震预测等方面。

可拓评价法和其他学科的结合产生了巨大的经济效益，但是其在产品级再利用价值分析方面，就作者所收集到的资料看尚未出现，本书旨在将可拓评价法与产品级再利用的内容结合，对其价值做出有益的尝试分析。再利用产品价值分析中存在着矛盾现象，与可拓学研究中的矛盾问题有一致性。本书以再利用笔记本电脑为例，根据可拓学把矛盾问题分为三类，相应地根据分类可以把再利用产品价值分析中的矛盾问题分为三类：

(1) 不相容问题，是指主观愿望和客观条件产生矛盾的问题。例如，要用最大称量100千克的小秤去称重量达数吨的大象（即曹冲称象问题）是不相容问题；要将高3米的机器搬进高2米的大门里，也是不相容问题。在再利用笔记本电脑价值评价里，顾客品牌心理认可度和现行的笔记本电脑的价值程度之间的不相容问题必须研究事物能否改变，有何种改变方法，改变会产生何种作用，也就是说，我们必须研究事物的可变性及事物变化的规律。

(2) 主观矛盾问题，又称对立问题，是指在同一条件下要实现两个或多个不能同时实现的目的的问题。例如，要在同一个笼子里放一只狼和一只鸡，要设计重量轻而又耐磨的飞行器零件，要制造人造卫星上能同时发射携带多个参数信号的发射机，这些都是对立问题。在产品级再利用笔记本电脑的价值分析中，典型的对立问题是待分析价值的期待值与再利用产品的磨损程度之间的对立问题。价值分析的目标就是在尽量减少磨损影响的前提下实现价值的最大化，是对立问题的最优解。

(3) 客观矛盾问题，是指客观事物存在的矛盾构成的问题。植物要在沙漠里生长、老鼠要逃避猫的追捕等都是客观矛盾问题。在产品级再利用笔记本电脑的价值分析里，各品牌笔记本电脑的售后服务满意度就是客观存在的矛盾问题，因为各个品牌提供的售后服务的质量不同，顾客对各个产品的满意度也不同。这样的客观矛盾，影响了各个品牌笔记本电脑再利用时的价值分析。

为了解决这些矛盾问题，可拓学把对量变的研究和对质变的研究结合起来，不只研究事物的数量关系及其变化，也研究事物之间的关系及其变化，并把它们结合起来。再利用产品价值分析中存在着大量可变的矛盾因素。分析因素不同，分析主体不同，确立的指标评价标准就不同。同一个待分析笔记本电脑，顾客不同，评价的结果就有可能不同。同样，随着时间的变化和数据采取技术的发展，原先的指标体系再怎么完善，也有不符合潮流与现状的一天，所以变化性是不可避免的。在再利用产品价值分析中，既有定性评价的因素，又有定量评价的因素，条件不同，又会有变化。种种因素的变异正契合可拓学对研究对象的要求。

1. 物元的概念

在客观世界中存在着的一切事物都是质与量的统一体，事物的质变与量变是紧密联系、互相制约的。经典数学从客观事物中抽象出它的量与形，研究事物的数量与空间关系，抛去了事物的质的方面。经典数学及其方法，在一定的条件下有其广泛的应用性。但是，要解决复杂问题特别是矛盾问题，不仅要考虑事物的量变，还要考虑事物的质变。此时，经典数学就显得苍白无力（蔡文，1995）。

大量的研究实例发现，要寻求解决复杂矛盾的形式化方法，只考虑事物的量变是不够的，必须将事物、事物的特征及相应的量值作为一个整体来研究，运用定性与定量相结合的方法去解决复杂问题。为此，由广东工业大学蔡文研究员于1983年所创立的可拓学，引入了质与量的有机统一的物元概念，它是以事物、特征及事物关于该特征的量值三者所组成的三元组，它以有序的三元组$R=(N, c, v)$来表达。其中，N为事物，c为特征的名称，v为N关于c所取的量值。这三者称为物元的三要素。

物元的概念中以$v=c(N)$反映了事物的质和量的关系，建立了特征元$M=(c, v)$的概念，其由特征的名称c和量值v构成。可拓学的特征元就描述了人们常说的特征。一个事物具有众多的特征元，n维物元就描述了事物这种“一物多征”的性质。

事物处于不断变化之中，为了描述事物的可变性，又引进了动态物元的概念。当动态物元中的t是任意参数时，$R(t)=(N(t), c, v(t))$就是参变量物元，参变量物元的引入不仅能讨论事物与其他因素的关系，也能用形式化的方法表达一些哲学概念与原理。如保名域、节域和全征物元等概念就是量变和质变关系的形式化表示。

有了物元的概念，我们可以把客观世界看成一个复杂的、相互联系的物元网。一个物元的变换，会导致相关物元的变换，从而传导到与之相关的一系列物元中，这种思想既可以用来解决矛盾问题，也可用以研究某一物元变换对其他事物的影响，并防止其负面作用。

可拓学把物元作为它的逻辑细胞，用符号来描述客观世界中各式各样的事物，用物元的变换来描述事物的变化，以形成各种解决问题的策略、方案、窍门和办法。

物元的可拓性包括物元的发散性、共轭性、相关性、蕴含性和可扩性。它从事物向外、向内、平行、变通和组合分解的角度提供了多条变换的可能路径，成为解决矛盾问题的依据。

1）物元的发散性

一事物具有多种特征，一特征又为多种事物所具有。“一物多征、一征多物、一值多物、一特征元多物”等统称为物元的发散性，从一个物元出发，按照不同规则，可以发散出多个物元集，用开拓符“$-\!\!|$”可表示如下：

$(N_0, c_0, v_0)-\!\!|\{R|R=(N_0, c_i, v_i), i=1, 2, \cdots, n, c_i\in l(c), v_i\in v(c_i)\}$表示按“一物多征”发散。

$(N_0, c_0, v_0) -| \{R | R = R(N_i, c_0, c_0(N_i)), i = 1, 2, \cdots, n, N_i \in l(N)\}$ 表示按“一征多物”发散。

$(N_0, c_0, v_0) -| \{R | R = R(N_i, c_i, v_0), i = 1, 2, \cdots, n, N_i \in l(N), c_i \in l(C)\}$ 表示按“一值多物”发散。

$(N_0, c_0, v_0) -| \{R | R = R(N_i, c_i, v_0), i = 1, 2, \cdots, n, N_i \in l(N)\}$ 表示按“一特征元多物”发散。

2）物元的共轭性

事物的内部结构是解决矛盾问题的另一个着眼点，通过内部结构的改变，把矛盾问题化为相容问题是解决矛盾问题的一条途径。

系统论从系统的组成部分和内外关系角度去研究事物，这是对事物结构的一种认识。通过对大量事物的分析我们发现，除了系统性以外，还可以从物质性、动态性和对立性出发去认识事物。这可以更完整地描述事物的结构，更深刻地揭示事物发展变化的本质。从物质性、系统性、动态性和对立性这四个角度出发，相应提出了虚实、软硬、潜显和负正这四对对立的概念来描述事物的结构。它们的关系为

$$N = \mathrm{im}N \otimes \mathrm{re}N = \mathrm{sf}N \otimes \mathrm{hr}N = \mathrm{lt}N \otimes \mathrm{ap}N = \mathrm{ng}(c) \otimes \mathrm{ps}(c)N$$

式中，$\mathrm{im}N$，$\mathrm{re}N$，$\mathrm{sf}N$，$\mathrm{hr}N$，$\mathrm{lt}N$，$\mathrm{ap}N$，$\mathrm{ng}(c)$，$\mathrm{ps}(c)N$ 分别表示事物 N 的虚部、实部、软部、硬部、潜部、显部、负部和正部。从这八个角度去研究物元，就是物元的共轭性。

3）物元的相关性

一个物元中的某些事物，与其他物元中的事物可能具有相关关系，与其他某些物元的特征也可能有相关关系，它们构成了该物元的相关网。一个物元发生变化，会导致相关网中其他物元的改变，这种变化称为传导变换。物元变换的传导作用可以用来处理如下两类问题：

(1) 物元 R 变化了，可能是由什么引起的，又会引起什么变化，这是求知问题。

(2) 物元 R 的变化，是通过什么来达到的，这是求行问题。

物元相关网和传导变换比较贴切地描述了“牵一发而动全身”这类客观现象。

4）物元的蕴含性

如果 A @，则必有 B @，则称 A 蕴含 B，记作 $A \Rightarrow B$。A 与 B 之间的关系称为蕴含关系。符号@表示存在。其中，A 和 B 可以是事物、特征、量值、特征元、物元等。且称 B 为上位元素，A 称为下位元素。

若干元素 $B_1, B_2, \cdots, B_n$，记为 $\{B_i, i = 1, 2, \cdots, n\}$ 以及它们之间的蕴含关系 $\{\Rightarrow\}$ 构成一个蕴含系统 B，简称蕴含系，记为 $B =$

$\{\{B_i, i=1, 2, \cdots, n\}, \{\Rightarrow\}\}$ 。

（1）当 $\{B_i, i=1, 2, \cdots, n\}$ 为事物集时，称为 B 事物蕴含系；

（2）当 $\{B_i, i=1, 2, \cdots, n\}$ 为特征集时，称为 B 特征蕴含系；

（3）当 $\{B_i, i=1, 2, \cdots, n\}$ 为量值集时，称为 B 量值蕴含系；

（4）当 $\{B_i, i=1, 2, \cdots, n\}$ 为特征元集时，称为 B 特征元蕴含系；

（5）当 $\{B_i, i=1, 2, \cdots, n\}$ 为物元集时，称为 B 物元蕴含系。

命题 1（可压缩性）蕴含系的最下位元素的全体蕴含最上位元素。

命题 2（可截断性）对蕴含系 B，若从第 i 层截断，则仍为一蕴含系。

命题 3（可膨胀性）对蕴含系 B，若从第 i 层的某处插入一些上下蕴含关系成立的元素，则仍为一蕴含系。

命题 4（可增长性）对蕴含系 B，设 $\{B_{p1}, B_{p2}, \cdots, B_{pn}\}$ 是最下位元素组，若对于某一 B_{pi}，在同一问题下，存在 $\{B_{pi}, i=1, 2, \cdots, n\}$ 以外的元素组 $\{B_{T1}, B_{T2}, \cdots, B_{Tm}\}$ 作为 B_{pi} 的下位元素组，则 $\{B_{p1}, B_{p2}, \cdots, B_{p(i-1)}, B_{T1}, B_{T2}\cdots, B_{Tm}, B_{p(i+1)}, \cdots, B_{pn}\}$ 成为蕴含系 B 的最下位元素组。

命题 5 若 $\{c_i, i=1, 2, \cdots, n\}$ 成为一特征蕴含系，则 $\{(N_i, c_i, c_i(N_i)), i=1, 2, \cdots, n\}$ 为一物元蕴含系。

5）物元的可扩性

可扩性指可加性、可积性和可分性，物元的可扩性包括事物的可扩性、特征的可扩性和量值的可扩性。

一个物元，可以与其他物元结合成新的物元，也可以分解为若干新的物元，新物元中的事物具有原物元中的事物不具备的某些性质。物元这种结合或分解的可能性称为物元的可扩性。物元的可扩性提供了解决矛盾问题的另一种途径。

物元的概念准确地反映了质与量的关系，在可拓学中将它作为逻辑细胞。引入物元，就可以更贴切地描述客观事物变化的过程，在它身上，孕育着从低级到高级、从简单到复杂的可能性，从而为解决复杂矛盾问题的形式化提供了可行的工具。

由于物元具有内部结构及其内部结构的可变性，因而，物元变换为描述人们解决复杂矛盾而进行的平行性、整体性和变通性的思维活动提供了可行的工具。

事物变化的可能性，称为事物的可拓性。事物的变化用物元变化来描述，物元理论的核心就是研究物元的可拓性和物元的变换及物元变换的性质。

物元理论以形式化的语言描述事物的可变性及其变换，因此，能够进行推理和运算，甚至最后以计算机作为工具。

物元理论的提出，使人们能够更全面地认识事物，了解事物的内外关系、平行关系、蕴含关系，以及其他事物结合和自身分解的可能性，这就为复杂矛盾问题的解决方法提供了依据。

物元理论的提出，使我们能够用形式化的语言描述事物变化所引起的各种作用，特别是连锁作用和事物的因果关系，使我们既能够利用事物的因果关系去制订解决问题的方案，又可以利用物元变换的传导性去研究事物变化可能引起的副作用。

物元理论的提出，使我们能够形式化地描述人们的思维过程，从而也使人们能够按照一定的规律进行合理思维，以得到所需要的策略和方法。

2. 可拓集合的定义

众所周知，经典数学是建立在经典集合的基础上的。在经典集合中，人们用0和1两个数来表征对象属于某一集合或不属于该集合。经典集合描述的是事物的确定性概念。这类问题在现实中大量存在，要想定量描述这类现象，必须建立与之相适应的概念。可拓集合正是以这类实际模型为背景发展起来的一个概念。它的提出使可拓学建立在坚实的理论基础之上。

现实生活中还存在另一种叫可拓集合的例子。例如，某车床加工工件的规格为 $\phi \in (49.9, 50.1)$，现有一批加工后的工件，用经典集合来描述，集中任意一个工件不是合格品就是不合格品，即直径在49.9～50.1的为合格品，而直径在49.9以下和50.1以上的为不合格品。实际上，在不合格品中，直径小于49.9的是废品。显然，在不合格品中，废品与可返工品是本质不同的不合格品。

经典集合用0和1两个数来描述具有某种性质或不具有某种性质，可拓集合则用取自 $(-\infty, +\infty)$ 的实数来表示具有某种性质的程度，正数表示具有该性质的程度，负数表示不具有该性质的程度，零表示既有该性质又不具有该性质。可拓集合除了顾及“在内、在外”之外，还考虑“内外”的边界（称为零界），以及“内外”的可转化性（正、负可拓域），它的关联函数值域扩展到 $(-1, 1)$ 或 $(-\infty, +\infty)$。可以说，可拓集合论既考虑状态，又考虑度量，同时又把事物的可变性纳入描述的范围。

ϕ 对给定的论域 U 和给定的性质 p，造集的过程主要是人们对元素 u 与性质 p 之间的关系的识别。这个识别过程根据不同的要求可以是不同的，它表现为对这个识别过程附加不同的准则，由于准则不同，也就得到不同的集合概念。经典集合用0和1两个数来描述事物具有某种性质或不具有某种性质，可拓集合则用取自 $(-\infty, +\infty)$ 的实数来表示事物具有某种性质的程度，正数表示具有该性质的程度，负数表示不具有该性质的程度，零则表示既具有该性质又不具有该性质。

可拓集合是建立在下列准则的基础上的，即只允许考虑如下四个命题：元素 $u(u \in U)$ 具有性质 P；元素 $u(u \in U)$ 不具有性质 P；可使原来不具有性质 P 的元素变为具有性质 P；元素 $u(u \in U)$ 具有性质 P，又不具有性质 P。对每一个元素，上述四个命题中的某一个成立。在这个准则下建立起来的集合概念，就是可拓集合（蔡文，1995）。

可拓集合的定义如下：

设U为论域，若对U中任意元素u，$u \in U$，都有一实数$K(u) \in (-\infty, +\infty)$与之对应，则称$\widetilde{A}=\{(u, y) \mid u \in U, y=K(u) \in (-\infty, +\infty)\}$为论域上的一个可拓集合，其中$y=K(u)$为$\widetilde{A}$的关联函数，$K(u)$为$u$关于$A$的关联度，称$A=\{u \mid u \in U, K(u) \geqslant 0\}$为$\widetilde{A}$的正域，$A=\{u \mid u \in U, K(u) \leqslant 0\}$为$\widetilde{A}$的负域，$J_0=\{u \mid u \in U, K(u)=0\}$为$\widetilde{A}$的零界。显然，若$u \in J_0$，则$u \in A$，同时$u \in \widetilde{A}$。

$u \in \widetilde{A}$在可拓集合中，建立了“关联函数”这一概念，通过关联函数可以定量地描述论域中的元素具有性质P的程度及其变化。就是同属于正域或负域的元素，也可由关联函数值的大小分出不同的层次，通过关联函数值的变化定量地描述元素与集合的关系的变化。

3. 关联函数

可拓集合是用关联函数来刻画的，关联函数的取值范围是整个实数轴。我们用数学式子来表述可拓集合的关联函数，这使解决不相容问题的过程定量化成为可能。

可拓集合中建立了关联函数的概念，而且建立了距和位值的概念（蔡文，1995）。

1）距

在实域上起作用的是点与区间，而点与点的距离在经典数学中已有定义。

把传统的经典数学中点与点之间的距离扩展到点与区间的距离就是距，以作为把定性描述扩大到定量描述的基础。规定实轴上点x，$x \in (-\infty, +\infty)$与区间$X_0=\langle a, b\rangle$之距为

$$\rho(x, x_0)=\left|x-\frac{a+b}{2}\right|-\frac{b-a}{2} \tag{4-1}$$

当x在$X_0=\langle a, b\rangle$之外时，$\rho(x, X_0)$与经典数学中的点与区间的距离d的概念相同，即$\rho(x, X_0)=d$，d是离x最近的区间端点与x的距离；当x在$X_0=\langle a, b\rangle$之内时，经典数学认为点与区间的距离$d=0$，而在可拓学中，点x与区间$X_0=\langle a, b\rangle$之间的距为负值，负值的大小不同表示点在区间内位置的不同。

2）位值

在现实问题中，除了需要考虑点与区间的位置关系外，还经常要考虑区间与区间，及一个点与两个区间的位置关系。如对于电流稍低于20A或稍高于50A时，电机照样可以启动运转。因此，对电流还有一个质变的要求范围，在

此范围之外电机才真正不能启动，或被烧坏。这两个区间形成一区间套，点与这两个区间的关系用位值来描述，简称位值。

设 $X_0=\langle a, b\rangle$，$X=\langle c, d\rangle$，且 $X_0\subset X$，则点 x 关于 X_0，X 的位值为

$$D(x, X_0, X)=\begin{cases}\rho(x, X)-\rho(x, X_0) x\notin X_0\\ -1 x\in X_0\end{cases} \tag{4-2}$$

可见，若 $X_0\subset X$，且无公共端点，则 $D(x, X_0, X)<0$，若 X_0 与 X 有公共端点，则 $D(x, X_0, X)>0$。

3）关联函数

在距和位值两个概念的基础上，可拓学建立了关联函数的概念，其中初等关联函数为设 $X_0=\langle a, b\rangle$，$X=\langle c, d\rangle$，$X_0\subset X$ 且无公共端点，可得

$$K(x)=\frac{\rho(x, X_0)}{D(x, X_0, X)} \tag{4-3}$$

则称此函数为 x 关于 X_0，X 的初等关联函数。

关联函数把论域中的元素映射到实轴上，当关联函数大于零时，表明该元素具有此性质；当关联函数小于零时，表明该元素不具有该性质；当关联函数等于零时，表明该元素既具有该性质，又不具有该性质，即为零界元素。通过关联函数，可以定量地描述任意元素关于正域和负域的程度，而且对于同一域中的元素，也可以通过关联函数的大小区分出不同的层次。

二 产品级再利用价值分析中指标问题的可拓界定与分析

在产品级再利用价值分析中，对于价值的分析可以通过指标体现的方式来衡量产品的价值。指标的选择恰当与否，很大程度上影响到价值分析的客观性和可实用性。但是指标的选择从定量和定性考虑，要涉及诸多的因素和矛盾问题，要解决产品级再利用价值分析中的矛盾问题，必须首先全面认识和分析产品中现有的各项指标情况。

以产品级再利用笔记本电脑为例，通过可拓学分析其各项影响因素及各项指标，它的价值分析准则主要结合专家的意见从消费者和环境的利益出发，所以指标的界定以消费者和环境影响为主选取，主要包括以下三个方面：

(1) 功能性因素，是产品使用的前提，主要有零件完整度、显示屏清晰度、重量等指标；

(2) 绿色性因素，包括节省资源和能源、减少和消除对环境的污染，且对人类，特别指使用者具有良好保护三个方面的内容，主要有噪声、电池时间等指标；

(3) 经济性因素，主要有返修率、回收成本等指标。

以上三类因素作为专家、顾客对产品级再利用使用价值的测评因素。

从消费者角度考虑，价值分析准则需要从再利用顾客的方面考虑。

心理性因素：心理性因素针对的是产品作为再利用产品之前对顾客的影响以至顾客对再利用产品的认识程度和价值判断标准，主要有品牌顾客认可度、市场占有率、售后服务满意度等方面。

如果我们能够从了解决定产品价值的各种因素之下的每一个指标考虑，研究特征及其量值，从而界定产品的指标优势和指标劣势，将指标优势和指标劣势与产品的价值分析联系起来，就可以界定产品中指标存在的是何种类型的矛盾，性质如何、程度如何。可以主要通过共轭分析方法分析产品级再利用的状况，建立关联函数来判断产品的优势指标和劣势指标，再根据产品的面向市场来界定产品级再利用的矛盾问题。

从一般分析来看，所谓指标就是可以被人们利用来衡量物体某种特征的符号。而从可拓学来看，根据物质性、系统性、动态性和对立性，可以将指标分为实指标和虚指标、软指标和硬指标、潜指标和显指标、负指标和正指标。通过不同角度去认识指标，能够更加全面地分析物体的特性，而且各种指标之间在一定条件下是可以相互转化的。物体的虚指标的变化会引起实指标的变化，实指标的变化也会引起虚指标的变化。同样，软指标和硬指标、潜指标和显指标、负指标和正指标间在一定条件下也是可以相互转化的。

1. 物体指标的共轭分析

对于衡量物体特性来说，虽然可以用各种各样的指标来进行分析，但是这些指标是从不同的角度考虑物体，很少从系统的角度来研究，通过指标之间的互相转化来解决矛盾问题。所以要想全面分析物体特征，必须从四对共轭部去分析，不仅要分析各共轭部的构成，更要分析对应的共轭部间的相关关系。只有这样，才不会犯“以偏概全”、“顾此失彼”的错误。在分析过程中，根据共轭分析理论，可以对产品级再利用产品的各个指标进行全面的分析，从而有利于指标的合理选择与成功转换。

任何产品的指标都具有四对共轭部，且每对共轭部之积都等于原产品总指标，即若设某产品的所有指标为 N ，实指标为 $P_{\mathrm{re}}(N)$ ，虚指标 $P_{\mathrm{im}}(N)$ ，软指标为 $P_{\mathrm{sf}}(N)$ ，硬指标为 $P_{\mathrm{hr}}(N)$ ，关于特征 c_i 的负指标为 $P_{\mathrm{ng}(c)}(N)$ ，正指标为 $P_{\mathrm{ps}(c)}(N)$ ，潜指标为 $P_{\mathrm{lt}}(N)$ ，显指标为 $P_{\mathrm{ap}}(N)$ ，其关系如下所示：

$$
\begin{aligned}
N &= P_{\mathrm{re}}(N) \otimes P_{\mathrm{im}}(N) \\
&= P_{\mathrm{sf}}(N) \otimes P_{\mathrm{hr}}(N) \\
&= P_{\mathrm{ng}(c)}(N) \otimes P_{\mathrm{ps}(c)}(N) \\
&= P_{\mathrm{lt}}(N) \otimes P_{\mathrm{ap}}(N)
\end{aligned}
$$

任何指标的每一共轭部都有无数特征，都可由多维物元形式化表示，即

$$R[P_{re}(N)]=\left\{\begin{array}{rr}P_{re}(N), & c_{re1},\ v_{re1}\\ & c_{re2},\ v_{re2}\\ & \vdots \quad \vdots\\ & c_{ren},\ v_{ren} >\end{array}\right\},\ R[P_{im}(N)]=\left\{\begin{array}{rr}P_{re}(N), & c_{im1},\ v_{im1}\\ & c_{im2},\ v_{im2}\\ & \vdots \quad \vdots\\ & c_{imn},\ v_{imn} >\end{array}\right\}$$

不同种类的指标中，用来刻画特征的指标的描述概念也有区分，为此引入“类指标”和“个指标”的概念，以便于分析和区分。

设 P_{re} ，P_{im} ，P_{sf} ，P_{hr} ，P_{ng} ，P_{ps} ，P_{lt} ，P_{ap} 分别表示实指标与虚指标、软指标与硬指标、负指标与正指标、潜指标与显指标，称为“类指标”，也就是前文所讲影响其价值的功能性、绿色性等因素。对它们中的子类，如 P_{re} 又可以分为产品重量、零件完整度、电池时间等子类，称为“子类指标”，P_{re1} ，P_{re2} ，P_{re3} 等，它们中的每一指标称为“个指标”，如零件完整度中的是否有化学腐蚀即为个指标。

当然在解决再利用产品价值分析的具体问题时，有时要对各种因素的类指标进行分析与开拓，有时也要对个指标进行分析与开拓。

在进行产品级再利用的价值分析时，利用指标的共轭分析方法，结合各方可以全面、充分地认识到指标状况，从而才能谈得上充分结合各种衡量指标，进行有效合理评价。以往对产品的价值的分析只是侧重于把重量、零件是否齐备等看得到的因素作为指标，而不将品牌价值等无形因素作为产品的指标，就更不用谈绿色性、心理性因素了。下面对产品指标进行共轭分析。

1）实指标与虚指标

从指标的物质性考虑，产品的指标可分为实指标和虚指标。实指标是物质性的指标，如再利用产品的重量、零件完整度、电池时间等有形指标。虚指标是非物质性的指标，如产品作为再利用产品之前，顾客对品牌的认识程度而导致影响再利用产品价值的指标，如品牌顾客认可度、顾客品牌依赖度等。

在产品的价值分析中，大多数评价对实指标有足够的重视，但是，对虚指标还缺乏系统的、定性与定量相结合的研究。本书尝试引入顾客心理性因素对产品的价值进行分析，进行进一步的研究探讨。

根据共轭变换理论，指标也具有共轭变换。对实指标和虚指标而言，某些实指标的变换，会导致某些虚指标发生传导变换；反之亦然。

2）硬指标与软指标

从指标的系统性考虑，产品的指标又可分为硬指标与软指标。产品的硬指标包括产品零件、性能等组成部分，此处不详述；产品的软指标包括产品指标衡量中的各种软性关系，如邀请的专家、顾客的个体不同等。

在产品的价值分析中，要特别注意软指标的利用，有时软指标会成为正确分析产品价值的关键。在进行评价前确定各种指标时，要考虑产品评价指标中专家及顾客个人因素的影响。专家和顾客的因素对指标的确定有着很微妙的影响。

3）正指标与负指标

从指标的对立性考虑，对于再利用产品的某一个特征而言，指标可分为正指标和负指标。所谓正指标，是对再利用产品的价值起促进作用的指标；而负指标就是对高价值的获取起阻碍作用的指标。正指标不言而喻，我们主要分析一下负指标。例如，在评价过程中，被评价产品在作为再利用产品前对顾客的心理负影响在一定程度上是产品的负指标；被评价笔记本电脑品牌以往的不良品牌记录，如DELL电池爆炸事件对消费者对其品牌认知的影响等，周边环境使用时对顾客产生的负面品牌感观等，都是对于再利用产品价值评价的负指标。对再利用产品的评价，如果能够客观地排除对顾客心理的这些不客观的既有影响，按照再利用产品客观存在的价值来进行分析，就能“拨乱反正”，变负指标为正指标。

在再利用价值评价过程中，除了要利用产品的正指标之外，还要特别注意对产品的负指标的转化利用，有些负指标是必须转化的，如品牌既定认识对待评价笔记本电脑实际价值的不客观影响等。

4）显指标与潜指标

从指标的动态性考虑，指标又可分为显指标和潜指标。显指标是企业明显存在的，可以直接作为价值分析的指标，潜指标是产品不明显存在或虽然明显存在但无法使用，随着进一步的认识和一定的变换可以被产品利用的那些指标。

利用指标共轭分析方法对产品指标有了全面的了解之后，对再利用产品的价值分析就可以做到“知己知彼”，从而有利于选择合适、合理的指标来进行价值判断。

2. 建立关联函数，确定优势指标和劣势指标

在再利用产品价值评价过程中，对产品指标进行共轭分析的目的，就是要分清再利用产品自身的优势指标和劣势指标。但指标的优势和劣势是相对而言的，必须统一考虑各类指标的质、量，以及这些指标满足产品级再利用产品价值分析最终目的的程度。考虑指标的特征可以有指标的用途、价值、可变性、可利用程度、可控性等。

由于指标是一种特殊的物体，因此，可以用物元这一概念来表示再利用产品的各类共轭指标。为了简化，仅考虑一维物元的情形。设定 P_{re}，P_{im}，P_{sf}，P_{hr}，P_{ng}，P_{ps}，P_{lt}，P_{ap} 分别表示企业的实指标、虚指标、软指标、硬指标、负指标、正指标、潜指标、显指标，则再利用产品的全部指标 $P=P_{re}\otimes P_{im}=P_{sf}\otimes P_{hr}=P_{ng}\otimes P_{ps}=P_{lt}\otimes P_{ap}$。

设 P_i 是再利用产品的某一指标，$P_i=(N_i, c_i, v_i)$ $(i=1, 2, 3, \ldots)$ 即 $P_i\in P$，且设定产品依据自身条件所能提供的指标在特征值 c_i 方面的限量范围为

$X_{0i}=<a_{0i}, b_{0i}>$，而再利用产品价值分析所要求指标在特征 c_i 方面的限量范围为 $X_i=<a_i, b_i>$，则根据可拓集合理论中距和位值的定义，构造关联函数

$$K(P)=k(v)=f(\rho(v, X_{0i}), D(v, X_{0i}, X_i))$$

将 v_i 代入上述函数式中，得到具体函数值 $K(P_i)=k(v_i)$，则有下列两种情况。

1）优势指标

若 $k(v_i)>0$，则表示指标 P_i 在特征 c_i 方面可以满足产品价值分析的需要，相对于特征 c_i，是一种优势指标。

例如，产品级笔记本电脑顾客的品牌认识，如果在既往顾客的品牌认识过程当中，该笔记本电脑没有不良记录，那么在对该笔记本电脑的评价指标中，顾客心理性因素就可以作为积极的指标来衡量。也就是说，该笔记本电脑获得了顾客心理因素的优势指标。

2）劣势指标

若 $k(v_i)<0$，则表示指标 P_i 在特征 c_i 方面不能满足产品价值分析的需要，相对于特征 c_i，是一种劣势指标。

在许多被分析的产品中，其破损的零件和噪声、使用时间很短的电池等，对于其价值分析而言都是劣势指标。

3. 建立产品级再利用中指标矛盾的可拓模型及其条件的可拓分析

共轭分析方法是帮助人们从不同角度全面认识再利用产品，确定产品的优势指标和劣势指标、为合理选择再利用产品的指标、实现再利用产品价值提供更客观的依据。可拓分析方法是基于可拓分析原理，对用物元或事元表示的分析对象进行拓展分析，以得到解决矛盾问题的多重可能途径。可拓分析方法主要有发散分析方法、相关分析方法、蕴含分析方法和可扩分析方法。

在实施价值分析过程中，不仅需要周密的指标筛选，而且需要科学、可行、最优的指标评定结果。所以对于指标的选择与确定，应根据再利用产品的实际情况，从专家意见、顾客心理等方面加以科学性和可行性分析。通过指标矛盾问题的目标和条件进行可拓分析，可以开拓指标，找到产品可用的指标为其服务，从而解决产品指标的矛盾。

从价值分析的角度看，产品指标与价值分析不相容问题的可拓模型为

$$P=R(t)^{r}(t)$$

当它们之间存在矛盾的时候，就一记为 $R(t)\uparrow r(t)$。这时通过对矛盾问题的目标和条件分别进行可拓分析，可以找到解决矛盾问题的方法和途径。

再利用产品的价值分析，一般以各种指标来加以表述，例如，前文介绍的产品级再利用的功能性因素、绿色性因素等。但是有些指标如顾客心理因素等

就不能用客观的定性指标来表示。所以，产品的指标可以通过物元表示，也可以用事元或者复合事物元来表示。

对产品级再利用价值指标进行可拓分析的方法主要有相关分析、蕴含分析和可扩分析。下面分别介绍。

1）对指标进行相关分析

相关分析方法是根据物和事的相关性，对物元与物元之间、事元与事元之间，以及事元与物元之间的关系进行的分析，它提供了事或物平行扩展的多种可能途径，奠定了以形式化方式了解事务在意见相互关系和相互作用的基础。

指标具有相关性。一种指标的某要素的变化，可能引起其相关要素的变化，一种指标也可能引起相关指标的变化。利用相关分析，可以多角度、全面地考虑产品价值分析中遇到的指标矛盾问题，可提供更多可能的途径。利用相关分析原理可以对再利用进行相关分析，形成价值的相关网。通过分析相关网，确定引起目标 $R(t)$ 变化的物元 $R_i(t)$ ，或由于物元 $R(t)$ 的变化而引起变化的物元 $R_i(t)$ 。最后选择应用相关网中的物元 $R_i(t)$（或 $r_i(t)$ ）去解决价值分析中的指标矛盾问题。

例如，再利用产品的价值分析指标之一顾客品牌认可度，是顾客对该品牌笔记本电脑的既往品牌认识而引起的定性指标，其间接影响了再利用笔记本电脑的评估价值。例如，该顾客对 DELL 电池爆炸事件的认识会使这个指标值降低，但实际上待测评的笔记本电脑电池使用良好，无不良记录，甚至比其他品牌使用时间更长。所以，只要通过实际操作等途径解决了顾客的既往认识顾虑，让其客观地做出判断，就会解决这个价值分析汇总的指标矛盾问题。

2）对指标进行蕴含分析

蕴含分析主要是对指标的拓展分析，利用蕴含分析得到指标的蕴含系。如果在蕴含系中，找到目标物元 $R(t)$ 的下位物元 $R_i(t)$ 在条件 $r(t)$ 下容易实现，则就认为找到了解决指标矛盾问题的路径。

蕴含分析方法是根据物和事的蕴含性，以物元和事元为形式化工具而对物和事进行的形式化分析方法。对价值分析矛盾问题的目的和条件进行蕴含分析，为分析的变通提供了多重可能的途径。

例如，在再利用产品价值分析中，功能性因素中的零件完整度指标中蕴含 CPU 零件残缺程度、化学性物质腐蚀度等子指标。如果待评笔记本电脑中的零件完整度指标、化学性物质腐蚀度已经达到 20％的程度，而 CPU 等其他子指标是完整的，则只要用化学性物质腐蚀度来界定其指标就可以表明产品完整程度。所以，指标与价值的矛盾就进一步变为子指标与价值之间的矛盾，通过测评有无化学腐蚀性或者腐蚀度来判断零件完整度，这个矛盾问题就可以得到解决。

3）对价值进行可扩分析

产品的价值分析要涉及再利用产品的功能性、绿色性等因素。但是这些因素本身又可以分解为诸如重量、零件完整度等指标，而这些指标又可以分为不同子指标来衡量。则再利用产品物元 $R(t)$ 可以分解为 $\{R_1(t), R_2(t), R_3(t)\}$，对每一子指标进行分析，找出与条件物元不相容或对立的指标，再通过对条件的变换可以解决矛盾问题。

通过对产品指标的可拓分析，可以为产品级再利用价值分析的指标确定找到一些解决矛盾的途径和方法。

通过上述产品级再利用笔记本电脑的可拓分析例子，我们可以看到，在该笔记本电脑的功能性因素、绿色性因素及心理性因素等各个方面的指标的选取中，可以通过可拓学的理论和分析，“求同存异”、“拨乱反正”，选取合适、合理及实用的指标进行评价，从而实现对产品级再利用价值的准确、客观分析。

三 产品级再利用的可拓评价模型

1. 评价过程

1）可拓评价过程图

评价过程如图 4-1 所示。

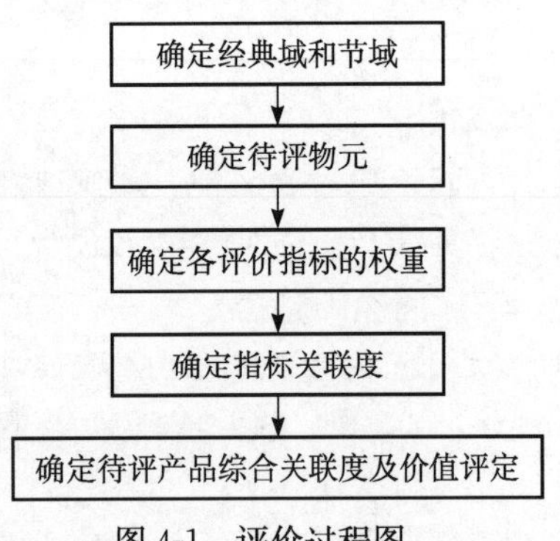

图 4-1 评价过程图

2）确定经典域与节域

令

$$R=(P,\ c,\ v_P)=\begin{bmatrix} P, & c_1, & v_{1p} \\ & c_2, & v_{2p} \\ & \vdots & \vdots \\ & c_i & v_{ip} \\ & \vdots & \vdots \\ & c_n, & v_{np} \end{bmatrix}=\begin{Bmatrix} P, & c_1, & <a_{1p}, & b_{1p}> \\ & c_2, & <a_{2p}, & b_{2p}> \\ & \vdots & \vdots & \vdots \\ & c_i & <a_{ip}, & b_{ip}> \\ & \vdots & \vdots & \vdots \\ & c_n, & <a_{np}, & b_{np}> \end{Bmatrix} \tag{4-4}$$

式中，P 为类别的全体，在这里指待评价再利用产品指标的全体，包括定量基本指标和定性指标；C_i 为第 i 个评价指标，指定量和定性指标。V_{ip} 为 P 关于 C_i 所取的量值的范围，即各指标的最大取值范围。因为产品级再利用的研究在我国理论和实际中都处于初级阶段，可供利用的数据少，无法确定合适的产品评价标准。本书是要将几个样本的价值进行对比，所以关于定量指标的论域上限取样本最高值，下限取样本最低值，在这里只是说明定量指标的取值范围，因为只要是产品的指标就一定属于论域，故论域不再单独列出。对于定性指标，因为定性指标的取值均大于零，最大值为 1，所以定性指标的论域均取$<0,\ 1>$。则

$$R=(P,\ c,\ v_p)=\begin{bmatrix} P, & c_1, & v_{1w} \\ & c_2, & v_{2w} \\ & \vdots & \vdots \\ & c_n, & v_{nw} \end{bmatrix}=\begin{Bmatrix} P, & c_1, & <a_{1w}, & b_{1w}> \\ & c_2, & <a_{2w}, & b_{2w}> \\ & \vdots & \vdots & \vdots \\ & c_n, & <a_{nw}, & b_{nw}> \end{Bmatrix} \tag{4-5}$$

式中，V_{nw} 为的 P 正域，表示在此范围内，关联函数 $K(X)$ 的值大于零，在这里定量指标正域的上限取样本的优秀值，下限取样本的平均值。对于定性指标，我们参照国家对评议指标的等级划分，取定性指标的正域为$<0.6,\ 1>$。

2. 可拓评价的过程设计

1）确定待分析物元

对待分析的产品 P，所得到的指标原始数据或分析结果表示为

$$R=(P,\ c,\ v)\begin{bmatrix} P, & c_1, & v_1 \\ & c_2, & v_2 \\ & \vdots & \vdots \\ & c_n, & v_n \end{bmatrix}$$

式中，R 为该产品的 P 待评物元，其中 P 表示某产品，v_i 为 P 关于 c_i 的量值，即待评产品所得的具体数据。

2）确定待分析产品的关联度及价值评定

（1）计算定量指标的关联度值。我们将再利用产品的各项指标以平均值为

分界线分成三个集合，即大于平均值的集合、等于平均值的集合和小于平均值的集合。为了研究各指标属于或不属于正域的关联程度，对于定量指标，我们结合定量评价指标的属性仿正域为有限区间 $<a, b>$ 或为无限区间 $<a, +\infty>$ 的简单关联函数，建立产品级再利用价值分析的关联函数为

$$K(x)=\begin{cases}\dfrac{x-a}{M-a}, & x\leqslant M\\ 1, & x\geqslant M\end{cases} \tag{4-6}$$

式中，a 为产品的实际评价值；M 为样本的优秀值。根据定量评价指标的属性，当某产品的指标实际值大于优秀值时，我们取最大值 1。则有

定量指标的综合关联函数＝∑各类指标权数×各类指标的关联函数

各类指标的关联函数＝∑某指标占其类别指标的权重×某定量指标的关联函数

$$\text{某定量指标的关联函数}=\frac{\text{指标实际值}-\text{样本平均值}}{\text{样本优秀值}-\text{样本平均值}}$$

将再利用产品的指标的实际值代入定量指标的综合关联函数公式中，即得出该产品基本指标的关联度值。

（2）计算定性指标的综合关联度。因为评议指标都有一定的模糊性，为了使评价更为精确，我们允许专家对评议指标给出的评分为一个区间，取其中间值为该专家对该指标的评价结果。单项标的得分为

$$X_{2i}=\frac{1}{2}\sum\frac{\left(\begin{matrix}\text{各评议专家给定的}\\\text{等级参数下限}\end{matrix}+\begin{matrix}\text{各评议专家给定的}\\\text{登记参数下限}\end{matrix}\right)}{\text{评议专家人数}},\quad i=1, 2, 3, \cdots, 8$$

各单项定性指标的关联函数为

$$K(X_{2i})=\frac{X_{2i}-0.6}{1-0.6}, i=1, 2, 3, \cdots, 8 \tag{4-7}$$

定性指标的综合关联函数＝∑各定性指标的权数×各定性指标的关联函数

$$\text{各单项定性指标的关联函数}=\frac{\text{指标实际值}-\text{正域下限}}{1-0.6}$$

将产品实际数据代入即得到定性指标的综合关联度。

（3）计算再利用产品的综合关联度。

再利用产品的综合关联度＝定量指标权数×修正后定量指标的关联度＋定性指标权数×定性指标关联度。

四 产品级再利用价值分析的可拓算例研究

本部分将运用可拓方法对五种即将进入再利用市场的二手笔记本电脑进行

价值分析。

1. 研究背景

随着计算机技术的革新以及成本的降低，笔记本电脑的使用周期越来越短，很多功能完整、性能健全的笔记本电脑被使用者淘汰掉成为搁置品随意处理，无法体现它的再利用价值，或者被随意抛弃成为电子垃圾，污染环境。即使进入二手市场，但我国二手市场当前的产品和服务尚不具备发布真实信息和价格标准的市场环境和制度基础，导致了二手产品质量认证和再利用价值判定机制的不成熟以至产品的“柠檬”效应。许多商家对二手产品的价值只能通过直接的观察或不科学的测试进行自检、评估，并没有权威机构或者相应的标准来进行价值评估。许多二手笔记本电脑并不能被给出合理的价格以充分发挥其价值，从而产生了资源的浪费，再利用产品持有者也因此蒙受损失。

调查显示，国外二手笔记本电脑市场是新电脑销售的 4.5 倍，而在我国却只有 1.5 倍。基于其价格的实惠性和对环境的保护，以及消费者绿色环保意识的增强，二手笔记本电脑在再利用产品市场有着广阔的前景，越来越多的消费者会选择二手笔记本电脑来满足自己的需求。因此，对二手笔记本电脑进行再利用产品价值研究有着重要的实践意义和市场意义。介于上述情况，本书试图利用可拓学的评价理论对产品级笔记本电脑的再利用价值进行分析，并且给出其价值分析的科学依据。

2. 研究过程

1）可拓算例分析

由于目前产品级研究属于前端研究，实际情况尚不能提供真实反映其各项指标的数据。为了研究方便，作者搜集实际生活中的 5 台产品级再利用笔记本电脑，以 A、B、C、D、E 来命名，且根据本章的指标分析，选取零件完整度、显示屏清晰度、重量、噪声、返修率、电池时间、品牌顾客认可度、市场占有率及售后服务满意率等 9 个指标因素，邀请笔记本电脑技术专家及二手笔记本电脑市场的销售商进行专家评价，并结合本章经过可拓分析的指标的模拟数据，来进行吻合实际情况的运算和研究。如表 4-1 所示。因为实际生活中再利用笔记本电脑指标数据的稀缺性，作者在今后的研究中将做进一步的数据挖掘工作。在今后的实际应用中，应以科学的再利用产品质量性能鉴别标准统计数据为实，进行价值分析。

表 4-1　原始统计数据表

产品	零件完整度/%	显示屏清晰度/%	重量/千克	噪声	返修率/%	电池时间/小时	品牌顾客认可度/%	市场占有率/%	售后服务满意度/%
A	95.0	80.1	1.50	8.50	0.20	1.90	78.8	10.6	80.1
B	96.9	89.7	2.10	12.20	0.50	1.60	89.3	13.5	89.7
C	99.2	79.2	2.20	8.00	0.30	0.78	92.5	18.6	43.0
D	98.4	63.6	1.70	3.20	0.30	1.30	94.5	5.0	63.6
E	100	92.8	1.87	2.10	0.07	2.40	100	31.6	92.8

表 4-1 中提供的再利用产品的 9 个指标是再利用笔记本电脑投入市场的价值影响因素指标。我们将 9 个指标划分为三个层面。首先，零件完整度、显示屏清晰度、重量三个指标属于产品性能流程层面，噪声、返修率、电池时间属于产品消耗层面；品牌顾客认可度、市场占有率、售后服务满意度属于客户层面。

在第一个层面，零件完整度表示待评笔记本电脑的外观零件完整度，包括零件是否缺失以及有无其他化学腐蚀；显示屏清晰度表示待评笔记本电脑显示屏的清晰度与磨损程度；重量表示待评笔记本电脑现时的重量。在第二个层面，噪声表示笔记本电脑的噪声程度，因其在再利用前的消耗，计算机噪声也被作为评价再利用价值的一个指标；返修率表示待评笔记本电脑再利用前的返修程度；电池时间则表示该笔记本电脑现时的电池使用时间。在第三个层面，品牌顾客认可度表示顾客既往对该笔记本电脑的品牌认可度及个人对该笔记本电脑品牌的心理接受程度；市场占有率表示该品牌笔记本电脑在笔记本电脑市场中所占的比重；售后服务满意度表示顾客对该品牌笔记本电脑为顾客提供的售后服务的满意程度。

2）可拓算例步骤

根据可拓学理论，矛盾问题的解决需要一个物元模型来解决。本研究将产品级再利用笔记本电脑作为一个物元模型，其各个特征值即指标量值的可拓性。每一个指标值有一定的取值和变动范围，故其可以作为物元可拓集合进行研究。

(1) 确定各基本指标的正域 P_1。

$$R=(P,\ c,\ v_p)=\begin{bmatrix} P, & c_1, & v_{1p} \\ & c_2, & v_{2p} \\ & \vdots & \vdots \\ & c_n, & v_{np} \end{bmatrix}$$

$$=\begin{bmatrix} P & \text{零件完整度} & \langle 95.0,\ 97.9 \rangle \\ & \text{显示屏清晰度} & \langle 63.6,\ 81.08 \rangle \\ & \text{重量} & \langle 1.50,\ 1.87 \rangle \\ & \text{噪声} & \langle 6.80,\ 8.50 \rangle \\ & \text{返修率} & \langle 0.07,\ 0.274 \rangle \\ & \text{电池时间} & \langle 1.60,\ 1.78 \rangle \\ & \text{品牌顾客认可度} & \langle 91.02,\ 100 \rangle \\ & \text{市场占有率} & \langle 15.86,\ 31.6 \rangle \\ & \text{售后服务满意度} & \langle 73.84,\ 92.8 \rangle \end{bmatrix}$$

（2）确定待评物元：本研究待评物元为三维物元 $R=(N, c, v)$，P_i 表示第 i 个待评价笔记本电脑，为物元中的事物名称 N，以“零件完整度”这个指标为例，它描述物元概念中的特征 c，其表示特征 c 的量值 v 取值为 95.0。

五个笔记本电脑分别为 P_1，P_2，P_3，P_4，P_5。

$$R=(P_1, c, v_p)=\begin{bmatrix} P_1 & \text{零件完整度} & 95.0 \\ & \text{显示屏清晰度} & 80.1 \\ & \text{重量} & 1.50 \\ & \text{噪声} & 8.50 \\ & \text{返修率} & 0.20 \\ & \text{电池时间} & 1.90 \\ & \text{品牌顾客认可度} & 78.8 \\ & \text{市场占有率} & 10.6 \\ & \text{售后服务满意度} & 80.1 \end{bmatrix}$$

$$R=(P_2, c, v_p)=\begin{bmatrix} P_2 & \text{零件完整度} & 96.9 \\ & \text{显示屏清晰度} & 89.7 \\ & \text{重量} & 2.10 \\ & \text{噪声} & 12.20 \\ & \text{返修率} & 0.50 \\ & \text{电池时间} & 1.60 \\ & \text{品牌顾客认可度} & 89.3 \\ & \text{市场占有率} & 13.5 \\ & \text{售后服务满意度} & 89.7 \end{bmatrix}$$

$$R=(P_3, c, v_p)=\begin{bmatrix} P_3 & \text{零件完整度} & 99.2 \\ & \text{显示屏清晰度} & 79.2 \\ & \text{重量} & 2.20 \\ & \text{噪声} & 8.00 \\ & \text{返修率} & 0.30 \\ & \text{电池时间} & 0.78 \\ & \text{品牌顾客认可度} & 92.5 \\ & \text{市场占有率} & 18.6 \\ & \text{售后服务满意度} & 43.0 \end{bmatrix}$$

$$R=(P_4, c, v_p)=\begin{bmatrix} P_4 & 零件完整度 & 98.4 \\ & 显示屏清晰度 & 63.6 \\ & 重量 & 1.70 \\ & 噪声 & 3.20 \\ & 返修率 & 0.30 \\ & 电池时间 & 1.30 \\ & 品牌顾客认可度 & 94.5 \\ & 市场占有率 & 5.0 \\ & 售后服务度 & 63.6 \end{bmatrix}$$

$$R=(P_5, c, v_p)=\begin{bmatrix} P_5 & 零件完整度 & 100 \\ & 显示屏清晰度 & 92.8 \\ & 重量 & 1.87 \\ & 噪声 & 2.10 \\ & 返修率 & 0.07 \\ & 电池时间 & 2.40 \\ & 品牌顾客认可度 & 100 \\ & 市场占有率 & 31.6 \\ & 售后服务满意度 & 92.8 \end{bmatrix}$$

（3）确定权系数。我们将上述提供的再利用产品的9个指标划分为三个层面。首先，零件完整度、显示屏清晰度、重量三个指标属于产品性能流程层面；噪声、返修率、电池时间属于产品消耗层面；市场占有率、品牌价值和个人品牌心理接受度属于客户层面。

已知：产品集 $P=\{P_1、P_2、P_3、P_4、P_5\}$；

指标集 $I=$ {产品完整、显示屏清晰度、重量、噪声、返修率、电池时间、市场占有率、品牌价值、个人品牌心理接受度}；

根据表中所给的数据，可知相对最优评价产品为

P_0 {100，92.8，1.50，2.10，0.07，2.40，100，31.6，92.8}

产品集 P 对指标集 V 的属性矩阵为 I：

$$I=\begin{bmatrix} 100 & 92.8 & 1.50 & 2.10 & 0.07 & 2.40 & 100 & 31.6 & 92.8 \\ 95.0 & 80.1 & 1.50 & 8.50 & 0.20 & 1.90 & 78.8 & 10.6 & 80.1 \\ 96.9 & 89.7 & 2.10 & 12.2 & 0.50 & 1.60 & 89.3 & 13.5 & 89.7 \\ 99.2 & 79.2 & 2.20 & 8.00 & 0.30 & 0.78 & 92.5 & 18.6 & 43.0 \\ 98.4 & 63.6 & 1.70 & 3.20 & 0.30 & 1.30 & 94.5 & 5.00 & 63.6 \\ 100 & 92.8 & 1.87 & 2.10 & 0.07 & 2.40 & 100 & 31.6 & 92.8 \end{bmatrix}$$

对 I 进行初值化处理，得到初始化矩阵 I'：

$$
I' = \begin{bmatrix} 1 & 1 & 1 & 1 & 1 & 1 & 1 & 1 & 1 \\ 0.95 & 0.863 & 1 & 4.048 & 2.857 & 0.792 & 0.788 & 0.335 & 0.863 \\ 0.969 & 0.967 & 1.400 & 5.810 & 7.143 & 0.667 & 0.893 & 0.428 & 0.967 \\ 0.992 & 0.853 & 1.467 & 3.810 & 4.289 & 0.325 & 0.925 & 0.589 & 0.463 \\ 0.984 & 0.685 & 1.333 & 1.524 & 4.286 & 0.542 & 0.945 & 0.158 & 0.685 \\ 1 & 1 & 1.247 & 1 & 1 & 1 & 1 & 1 & 1 \end{bmatrix}
$$

$$
\Delta_{ij} = | I'_{0j} - I'_{ij} |;\ i=1, 2, \cdots, 5;\ j=1, 2, \cdots, 9
$$

$$
\Delta_{ij} = \begin{bmatrix} 0.05 & 0.137 & 0 & 3.048 & 1.857 & 0.208 & 0.212 & 0.665 & 0.137 \\ 0.019 & 0.103 & 0.400 & 1.762 & 4.289 & 0.125 & 0.105 & 0.918 & 0.134 \\ 0.023 & 0.113 & 0.067 & 2.000 & 2.857 & 0.317 & 0.032 & 0.161 & 0.503 \\ 0.016 & 0.315 & 0.113 & 0.524 & 3.286 & 0.458 & 0.055 & 0.842 & 0.315 \\ 0 & 0 & 0.247 & 0 & 0 & 0 & 0 & 0 & 0 \end{bmatrix}
$$

得到初始化矩阵 I' 后，根据 $r_{ij} = \dfrac{\min\limits_{n}\min\limits_{m} | I'_{0j} - I'_{ij} | + \rho \max\limits_{n}\max\limits_{m} | I'_{0j} - I'_{ij} |}{| I'_{0j} - I'_{ij} | + \rho \max\limits_{n}\max\limits_{m} | I'_{0j} - I'_{ij} |}$，在这里即 $r_{ij} = \dfrac{0.5}{\Delta_{ij} + 0.5}$，从而得到灰色关联判断矩阵 $R(r_{ij})$：

$$
R(r_{ij}) = \begin{bmatrix} 0.909 & 0.785 & 1 & 0.141 & 0.212 & 0.706 & 0.3543 & 0.4224 & 0.7851 \\ 0.963 & 0.829 & 0.556 & 0.221 & 0.104 & 0.800 & 0.826 & 0.845 & 0.829 \\ 0.956 & 0.815 & 0.882 & 0.200 & 0.149 & 0.594 & 0.940 & 0.756 & 0.498 \\ 0.984 & 0.748 & 0.600 & 0.180 & 1 & 0.700 & 0.962 & 0.537 & 0.623 \\ 0.969 & 0.614 & 0.815 & 0.489 & 0.132 & 0.522 & 0.901 & 0.373 & 0.614 \end{bmatrix}
$$

由公式 $\overline{\omega_j} = \dfrac{1}{5}\sum\limits_{i=1}^{5} r_{ij}$，$j=1, 2, \cdots, 9$ 可得

$$
\begin{aligned} \bar{\omega} &= (\bar{\omega}_1, \bar{\omega}_2, \bar{\omega}_3, \bar{\omega}_4, \bar{\omega}_5, \bar{\omega}_6, \bar{\omega}_7, \bar{\omega}_8, \bar{\omega}_9) \\ &= (0.956, 0.758, 0.771, 0.246, 0.320, 0.664, 0.866, \\ &\quad 0.588, 0.684) \end{aligned}
$$

从而将 $\overline{\omega_j}(j=1, 2, \cdots, 9)$ 做归一化处理，即可得到三个指标层面的权重以及三个层面之间的总权重：

$$
\begin{aligned} \omega_1 &= (0.385, 0.305, 0.310) \\ \omega_2 &= (0.200, 0.260, 0.540) \\ \omega_3 &= (0.405, 0.275, 0.320) \\ \omega &= (0.425, 0.210, 0.365) \end{aligned}
$$

式中，ω_1，ω_2，ω_3 和 ω 分别代表零件完整度、显示屏清晰度、重量等产品性能流程层面三个指标的权重，噪声、返修率、电池时间等产品消耗层面三个指标的权重，品牌顾客认可度、市场占有率、售后服务满意度等客户层面三个指标的

权重，以及这三个层面之间的权重。

（4）确定指标关联度。由于本次分析中所提供的指标只有定量指标，因此在这里定量指标的关联度即代表再利用笔记本电脑的综合关联度。

第一，确定九个指标的关联度。

$$\text{某定量指标的关联函数}=\frac{(\text{指标实际值}-\text{正域下限})}{(\text{正域上限}-\text{正域下限})}=\frac{(\text{指标实际值}-\text{样本平均值})}{(\text{样本优秀值}-\text{样本平均值})}$$

所以，零件完整度的关联函数为

$$k(x_1)=\begin{cases}1,\ x_1\leqslant 100\\ \dfrac{100-x_1}{100-95}x_1\geqslant 95\end{cases}$$

指标的关联函数同理设之，得到零件完整度、显示屏清晰度、重量的关联函数分别为 $k(x_1)$，$k(x_2)$，$k(x_3)$ 。

第二，确定三类指标的关联度。

即便是模拟实例，其计算量也十分巨大。对于实际问题的解决，完成计算工作便是一项创新性的结果。为此，我们通过编制计算过程的 MATLAB 算法来实现。

可拓评价程序：

```
disp('请输入定量指标(成本型指标在前,效益型指标在后)的矩阵 A');    A = input('A = ');
disp('请输入成本型指标个数 S');   s = input('s = ');
disp('请输入指标权重向量 X');    X = input('X = ');
[k,n] = size(A);
a = zeros(1,n);   d = zeros(1,n);   e = zeros(1,n);
for j = 1:n
   a(j) = min(A(:,j));   d(j) = max(A(:,j));   e(j) = mean(A(:,j));
end
%成本型指标关联度计算:
for i = 1:k
for j = 1:s
if A(i,j)< = a(j) BB(i,j) = 1;
else BB(i,j) = (e(j) - A(i,j))/ (e(j) - a(j));
end
end
end
%效益型指标隶属度计算
for i = 1:k
```

```
for j = (s + 1): n
  if d(j)< =  A(i,j) BB(i,j) = 1;
else BB(i,j) = (A(i,j) - e(j))/ (d(j) - e(j));
end
end
end
% 根据 k 个产品的指标关联度矩阵求综合关联度
O =  BB * X;
disp('待评再利用笔记本电脑综合关联度矩阵如下(行表示产品)');
disp(O);
```

程序的实现步骤如下：

前述可拓理论中，各类指标的关联函数＝∑某指标占其类别指标的权重×某定量指标的关联函数。所以各个层面的关联函数可用此公式表示。例如，产品性能流程层面的关联函数 $K(X_1) = 0.385k(x_1) + 0.305k(x_2) + 0.310k(x_3)$ 。

E_1表示零件完整度、显示屏清晰度和重量三项指标的具体数据：

$$E_1 = \begin{bmatrix} 95.0 & 80.1 & 1.50 \\ 96.9 & 89.7 & 2.10 \\ 99.2 & 79.2 & 2.20 \\ 98.4 & 63.6 & 1.70 \\ 100 & 92.8 & 1.87 \end{bmatrix}$$

将 E_1、评价指标的权重向量 W_1，以及成本型指标的个数 1，输入到用 MATLAB 编写的可拓评价模块，即可得出产品性能流程层面的关联函数

$$K(X_1) = \begin{bmatrix} -0.664 \\ 0.175 \\ -0.058 \\ 0.525 \\ 0.022 \end{bmatrix}$$

此矩阵中的行从上到下代表五个待分析再利用笔记本电脑 A、B、C、D、E。

同理，E_2表示所采集的噪声、返修率和耗电三项指标的具体数据：

$$E_2 = \begin{bmatrix} 8.50 & 0.20 & 1.90 \\ 12.2 & 0.50 & 1.60 \\ 8.00 & 0.30 & 0.78 \\ 3.20 & 0.30 & 1.30 \\ 2.10 & 0.07 & 2.40 \end{bmatrix}$$

将 E_2、评价指标的权重向量 W_2，以及成本型指标的个数 3，输入到用 MATLAB 编写的可拓评价模块，即可得出产品消耗层面指标的关联函数

$$K(X_2)=\begin{bmatrix}-0.047\\-0.033\\-0.569\\-0.016\\0.505\end{bmatrix}$$

此矩阵中的行从上到下代表五个产品 A，B，C，D，E。

E_3表示所采集的市场占有率、品牌顾客心理认可度、售后服务满意度等三项指标的具体数据：

$$E_3=\begin{bmatrix}78.8 & 10.6 & 80.1\\89.3 & 13.5 & 89.7\\92.5 & 18.6 & 43.0\\94.5 & 5.00 & 63.6\\100 & 31.6 & 92.8\end{bmatrix}$$

将 E_3、评价指标的权重向量 W_3，以及成本型指标的个数 0，输入到用 MATLAB 编写的可拓评价模块，即可得出客户层面指标的关联函数

$$K(X_3)=\begin{bmatrix}0.419\\0.284\\-0.522\\-0.478\\0.297\end{bmatrix}$$

此矩阵中的行从上到下代表五个企业 A，B，C，D，E。

由此得到三个层面指标的关联函数：$K(X_1)$、$K(X_2)$、$K(X_3)$。

(5) 确定各指标的综合关联函数 $K(X)$：

各指标的综合关联函数 $K(X)=\sum$各类指标权数×各类指标的关联函数

$$=0.425\times K(X_1)+0.210\times K(X_2)+0.365\times K(X_3)$$

根据 $K(X_1)$、$K(X_2)$、$K(X_3)$，以及三个层面之间的权重，我们得到各个产品的综合关联度：

$$C_A=[0.425\quad 0.210\quad 0.365]\times\begin{bmatrix}-0.664\\0.047\\0.419\end{bmatrix}=-0.048$$

$$C_B=[0.425\quad 0.210\quad 0.365]\times\begin{bmatrix}0.175\\-0.033\\0.284\end{bmatrix}=0.094$$

$$C_C=[0.425 \quad 0.210 \quad 0.365]\times\begin{bmatrix}-0.058\\-0.569\\-0.521\end{bmatrix}=-0.206$$

$$C_D=[0.425 \quad 0.210 \quad 0.365]\times\begin{bmatrix}-0.525\\-0.016\\-0.478\end{bmatrix}=-0.021$$

$$C_E=[0.425 \quad 0.210 \quad 0.365]\times\begin{bmatrix}0.022\\0.505\\0.297\end{bmatrix}=0.212$$

我们得到

$$K(X)=\begin{bmatrix}-0.049\\0.094\\-0.206\\-0.021\\0.212\end{bmatrix}$$

以上 $C_i(i=1,2,3,4,5)$ 表示第 i 个产品的综合关联度，从上到下是 A～E 五个产品。

根据 $K(X)$ 中的数据我们可以得出分析结果：在五个产品级再利用笔记本电脑中，E 产品价值最高，B 次之，价值最低的是 C 产品。

3）可拓算例结论分析

从以上分析可知，用实际情况分析出的结论具有可行性和实用性。

表 4-2 显示了各个指标的优劣排名。

表 4-2　产品级再利用笔记本电脑指标排名

产品排名	零件完整度/%	显示屏清晰度/%	重量/千克	噪声	返修率/%	电池时间/小时	品牌顾客认可度/%	市场占有率/%	售后服务满意度/%
1	E	E	A	E	E	E	E	E	E
2	C	B	D	D	A	B	D	C	B
3	D	A	E	A	D	A	C	B	A
4	B	C	B	C	C	D	B	A	D
5	A	D	C	B	B	C	A	D	C

从表 4-1 实际给出的 9 个指标来分析，E 产品的零件完整度为 100%，属于完整度最高的产品；显示屏幕清晰度为 92.8%，为最高值；噪声为 2.1，为最低值；翻修率为 0.07%，也为五种笔记本电脑中的最低值；电池待机时间为其中最长的，达 2.4 小时；品牌顾客认可度及售后服务满意度均为五种产品中的最高值。C 产品重量为 2.2 千克，属于最重产品；电池时间为 0.78 小时，为待机最短产品。

从表 4-2 中的排名可以看出，E 产品 9 项指标中有 8 项位居第一。由此可知

E产品的可拓分析价值为最高。C产品的重量、电池时间及售后服务满意度均排名末位，显示屏清晰度、噪声、返修率排名倒数第二，其他指标也较靠后。故C产品的可拓分析价值为最低。

比较表4-1和表4-2可以看出，本研究所列的再利用笔记本电脑的指标数据分析结果与可拓评价的结果完全吻合。该结果可以作为市场销售的依据或企业循环再利用的评估依据。由此，可拓评价方法的价值分析结果具有明确的物理意义，可以直观地反映出各个待分析产品的综合水平，以及属于各个不同产品的综合关联度，同时也可以反映出各个再利用笔记本电脑的再利用价值的大小，可比性强。结果表明，可拓评价方法具有科学性和可用性，能够在再利用市场中作为再利用产品价值分析的科学依据，在再利用产品价值分析领域具有良好的应用前景。

分析再利用产品的价值是一项复杂而重要的工作，受到诸多因素的影响，而这种影响往往又不能准确、定量地加以确定与描述，比如，关于产品性能的数据的预测和评定。再利用产品的研究属于国内研究涉足比较少的领域，故可供共享和探讨的信息匮乏。

本节试图尝试利用可拓方法，对产品的价值进行确定，对指标形态的表现形式进行选择并对指标进行了可拓分析，对经典域、节域值的确定做了一定的探索，完善了国内再利用产品价值分析方面的研究。本节还将可拓方法应用于产品级再利用的价值分析上，利用统计软件MATLAB等语言编程进行了模型研究。结果表明，模型计算出的待分析产品级再利用笔记本电脑的价值结果与其品牌及其呈现的实际情况基本吻合。这说明利用可拓评价再利用产品的价值是可行的，并且其分析结果对进一步研究再利用产品价值的方法也有一定的参考意义。

由于数据的稀缺性，本节只使用了9个指标，在后续研究中，将继续尝试利用更多的指标（包括顾客消费心理、决策者偏好等方面）、权重及评价方法进行分析，得出产品级再利用价值分析方面更有效的结果。

第三节　消费者对再利用产品的感知风险评价

一 消费者对再利用产品的感知度

停用后的产品技术状态模糊，消费者不能直接感知再利用产品的价值，购买再利用产品是有风险的，会降低消费者购买再利用产品的积极性，不利于节约资源和保护环境。因此，有必要对再利用产品的价值做出科学定量的评估，提高消费者对再利用产品的认知度，降低其购买风险，实现高质高价、低质低价，促成再利用产品交易的市场完全成功，实现循环经济。

消费者对再利用产品的感知主要由再利用产品的功能因素感知和绿色因素感知构成，因此定义消费者对再利用产品的感知度为

$$S(f)=w_F\sum w_{Fi}f_{Fi}+w_G\sum w_{Gi}f_{Gi} \tag{4-8}$$

式中，$S(f)$ 为消费者对再利用产品的感知度；w 为功能因素（F）和绿色因素（G）的权重与子因素权重；f_{Fi}，f_{Gi} 为第 i 个功能子因素值和第 i 个绿色子因素值。

如果感知因素较少，可简化式（4-8）为一级综合评价：

$$S(f)=\sum_{i=1}^{m}w_if_i \tag{4-9}$$

式中，$0<w_i<1$，$\sum_{i=1}^{n}w_i=1$，S 为功能因素和绿色因素 f_i 的多目标统一值，由下文提出的质量功能配置（QFD）逆过程法计算。

二　质量功能配置逆过程法

应用消费者对再利用产品的感知度分析法的关键是确定产品的感知因素值，感知因素值取决于产品的工程特性值，而停用后的产品技术状态模糊，工程特性值难以确定，QFD 逆过程法是从零部件层分级确定旧产品的工程特性值和感知因素值的科学定量的有力工具。

1. 基本原理

QFD 是以顾客需求为驱动进行产品开发的有效工具，质量功能配置中的产品规划质量屋（HoQ_1）和部件配置质量屋（HoQ_2）的主要功能是将顾客需求分层转换为产品工程特性值和零部件特征值。以 HoQ_1 为例，就是求 $y=g(f_1，\cdots，f_m)$，以使顾客满意度最大的过程，g 为工程特性值 y 与各个感知因素值 f_i 的关联函数，其逆过程法为在已知工程特性值的情况下求消费者感知值，即 $f=g^{-1}(y_1，\cdots，y_n)$，g^{-1} 为 g 的逆函数，也就是消费者感知值与各个工程特性值的关联函数。停止使用后的产品技术状态模糊，同理可以按 HoQ_2 逆过程法求得产品的工程特性值，即 $y=h^{-1}(x_1，\cdots，x_p)$，h^{-1} 是工程特性值与各个部件性能值的关联函数，最后按式（4-8）或式（4-9）求得消费者对产品的综合感知度。下面只讨论 HoQ_1 逆过程法，HoQ_2 逆过程法原理相同。

2. 感知风险评价过程

消费者对停用后的产品功能和质量不了解，需要专家的参与和认定，所以严格地说，产品再利用感知度反映的是在专家的协助下，消费者对再利用产品的主观感受和价值判断。HoQ_1 逆过程法分析过程可以分为建立质量屋和质量屋决策两个过程。建立质量屋主要运用市场调查技术和各种分析工具，确定消费者感知因素和再利用产品的工程特性值，并据此确定质量屋的工程特性——感

知因素的关系矩阵 R、感知因素的判断矩阵及工程特性的竞争矩阵等。质量屋的决策是用已建立的质量屋进行决策，目的就是在工程特性值一定的情况下，确定感知度 S，给消费者提供一个感知风险评价，以便决策是否购买。这是一个复杂得多目标、多变量决策，需要权衡质量屋中的各种矛盾，有必要建立数学模型，帮助顾客选择较满意的再利用产品，规避风险。消费者对再利用产品的感知风险评价的 HoQ_1 逆过程如图 4-2 所示。

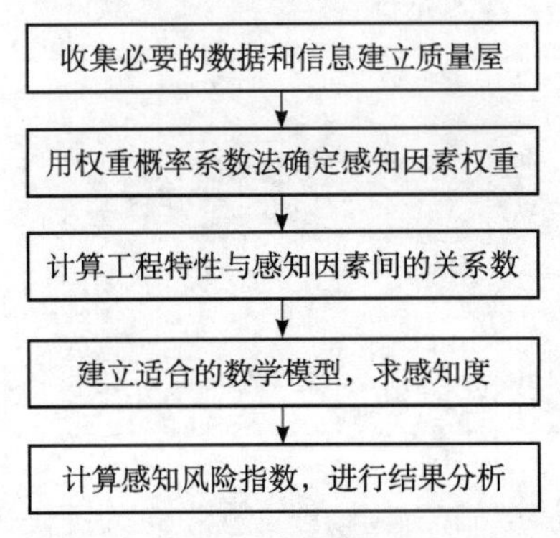

图 4-2　消费者对再利用产品的感知风险评价的 HoQ_1 逆过程

3. 计算感知度的数学模型

考虑要把专家的经验判断和消费者感知的主观重要性结合起来，用权重概率综合系数法（孔造杰和郝永敬，2001）确定感知因素权重：令 z_i 为第 i 项感知因素消费者调查出现的频数，则 $p_i = z_i / \sum_{i=1}^{m} z_i$ ；专家组用层次分析法确定 w_i' ，w_i' 和其先验概率 p_i 的乘积的平方根值进行归一化处理，得 $w_i = \sqrt{w'_i p_i} / \sum_{i=1}^{m} \sqrt{w'_i p_i}$ 。

感知因素值是由与之相关的工程特性值决定的，不失一般性，设 g^{-1} 为线性函数，则

$$f_i = \sum_{j=1}^{n} r_{ij} y_j \tag{4-10}$$

式中，r_{ij} 为工程特性与感知因素之间的关联系数，由专家评定，可分别用 0—0.11—0.33—1 的数值序列表示不相关、弱相关、中等相关和强相关；y_j 为不同量纲，非一致性的原始工程特性值 y_j' 的标准化处理值，正指标和负指标的值分别由式 $y_j = y_j' / y_j^0$ 及式 $y_j = y_j^0 / y_j'$ 求出，y_j^0 可以是地区标准、行业标准、国家标准或国际标准，在许多情况下可以引用全地区、全行业、全国甚至全球的平均数值作为通常的基础标准。

将式（4-10）代入式（4-9）得 $S(y) = \sum_{i=1}^{m} w_i \sum_{j=1}^{n} r_{ij} y_j$ ，也可改写成

$$S(y)=\sum_{j=1}^{n}\sum_{i=1}^{m}w_i r_{ij} y_j \tag{4-11}$$

4．感知风险综合评价模型

消费者对再利用产品的感知风险综合评价模型为用户平均每个单位寿命时间支付出成本后得到的产品提供的功能和服务：

$$PS=\frac{S(y)}{(f_{E1}+f_{E2}-f_{E3})/f_{E4}} \tag{4-12}$$

式中，PS 为感知风险综合评价指数；f_{E1}，f_{E2}，f_{E3} 为购买价格、用户使用发生的总成本和用户停用后回收净收益，f_{E4} 为产品的使用寿命。式（4-12）所给的方法是一种基于价值分析的改进综合评价法，由于成本和使用寿命为定量指标，具有直接可比性，采用式（4-12）评价具有客观科学性。

三 案例研究

现有一批水泵（A）使用 2 年后淘汰，经专家认定，各项指标均符合行业最低标准，故清洗后准备出售，消费者面对旧水泵和某品牌新水泵（B）进行风险决策，在此设基准产品为 C。除成本和使用寿命外，顾客对水泵的感知因素确定为噪声低（S_1），防水性好（S_2），扬程变化小（S_3），外形尺寸小（S_4），安全可靠（S_5），维修方便（S_6）；专家确定的 7 个基本特性有最大噪声（EC_1）、水密性（EC_2）、扬程变化范围（EC_3）、外形尺寸（EC_4）、润滑状况（EC_5）、可靠性（EC_6）、可拆卸性（EC_7）。专家根据以上感知因素、工程特性和有关信息建立了质量屋（图 4-3）的有关部分：感知因素 AHP 比较矩阵（左上）、工程特性和感知因素的关系矩阵（右上）、竞争矩阵（右下）。

							工程特性						
因素	S_1	S_2	S_3	S_4	S_5	S_6	EC_1	EC_2	EC_3	EC_4	EC_5	EC_6	EC_7
S_1	1	0.33	0.33	0.5	1	1	1	0	0.11	0	1	0	0
S_2	3	1	1	2	3	3	0	1	0	0	0	0	0.33
S_3	3	1	1	2	3	3	0.11	0	1	0	0	0	0
S_4	2	0.5	0.5	1	2	2	0	0	0	1	0	0	0
S_5	1	0.33	0.33	0.5	1	1	0.11	0.33	0	0	0.11	1	0
S_6	1	0.33	0.33	0.5	1	1	0	0.11	0	0	0	0	1
					单位		dB		%	m^3		%	%
					y_j' (A)		64	1.1	5	0.13	0.95	98	85
					y_j' (B)		55	1.3	4	0.12	1.2	99	95
					y_j^0 (C)		60	1	5	0.14	1	98.5	90
					y_j (A)		0.94	1.1	1	1.08	0.95	0.99	0.94
					y_j (B)		1.09	1.3	1.25	1.17	1.2	1.01	1.06
					y_j (C)		1	1	1	1	1	1	1

图 4-3　水泵再利用感知度分析质量屋

专家通过层次分析法确定感知因素权重为$W' =(0.09, 0.29, 0.29, 0.15, 0.09, 0.09)^T$，$\lambda_{max}=6.0033$，CR=0.0005。对该地区 220 名顾客进行了调查，其结果列为表 4-3。

表 4-3　调查结果

用户要求	S_1	S_2	S_3	S_4	S_5	S_6
用户数 z	34	87	165	56	86	67

计算得 $P=(0.07, 0.18, 0.33, 0.11, 0.17, 0.14)$，用权重概率系数法确定的需求因素权重 $W=(0.08, 0.23, 0.32, 0.13, 0.13, 0.11)^T$；除 EC_1、EC_3及 EC_4为负指标，其他均为正指标，计算标准化处理值记入质量屋底部。

A 产品和 B 产品的用户使用寿命周期成本和使用寿命如表 4-4 所示。

表 4-4　水泵使用寿命周期成本和使用寿命

产品	购买价格 f_{E1}/元	使用成本 f_{E2}/元	回收成本 f_{E3}/元	使用寿命 f_{E4}/小时
A	420	1680	10	3240
B	1480	2150	20	4320

由式（4-11）计算 S，并计算每小时所支付的成本 $LC=(f_{E1}+f_{E2}+f_{E3})/f_{E4}$，单位为元/小时，基准产品的 LC 为 0.85 元/小时，计算感知风险综合评价指数 $PS=S/LC$，如表 4-5 所示。

表 4-5　感知风险综合评价指数

产品	S	LC	PS
A	1.30	0.66	1.97
B	1.51	0.84	1.80
C	1.28	0.85	1.51

由表 4-5 可以看出：旧水泵的感知度 S 虽然小于新水泵的，但由于价格优势，使每小时使用成本降低，从而使产品再利用感知风险综合评价指数较高，顾客正确的风险决策结果为购买这批旧水泵，即这批旧水泵具有再利用价值，延长其使用寿命具有实践意义。

停用后的产品技术状态模糊，消费者是否选择再利用产品，必须进行感知风险评价，以降低购买风险；QFD 逆过程法是逐层确定工程特性值和感知因素值的有力工具，开辟了 QFD 应用的新领域，本节只给出 HoQ_1 逆过程法分析过程和模型，HoQ_2 逆过程法同理。消费者对再利用产品的感知风险评价方法是一种从用户出发，充分利用专家智能，基于价值工程的产品综合评价法。实例证明，其评价结果客观可靠，能有效帮助消费者对再利用产品进行感知风险评价，做出正确选择。

第四节 产品循环再利用绩效测度

一 产品循环再利用子系统和特征矩阵

产品停用后有不同的可持续发展方式，不同的再利用方式会产生不同的价值，对再利用的价值进行水平比较和绩效测度有助于总结再利用的经验，加强停用产品的资源化管理，尽可能地节约资源，保护环境，实现产品的最大利用价值。本节定义了产品循环再利用子系统和特征矩阵，在此基础上用矩阵范数的方法定量测度再利用绩效。本章拟从功能性、绿色性、经济性和心理因素4个方面测度产品循环再利用全过程绩效，建立产品循环再利用子系统和特征矩阵，为再利用的分析评价奠定基础。针对产品循环再利用全过程数据分析的复杂性，基于谱范数的测度方法，计算每个产品特征矩阵的范数，通过相对指数的大小衡量再利用绩效。

产品循环再利用系统是产品系统中的一个子系统，用生命周期评价法（LCA）对产品循环再利用子系统进行界定，通过清单分析对产品直接再利用或质量改进后再利用的数据做出采集和预测，建立产品循环再利用绩效测度的数据库和知识库。价值分析准则主要结合专家的意见从消费者和环境的利益出发，所以因素的界定以消费者和环境影响为主选取，主要包括以下4个方面：

（1）功能性因素（F），是产品使用的前提，主要有可操作性、可靠性、安全性、交货期、服务等指标。

（2）绿色性因素（G），包括节省资源和能源、减少和消除对环境的污染，且对人类特别指再利用者具有良好保护三个方面的内容，主要有噪声、辐射性、排泄的污染物等指标。

（3）经济性因素（E），主要有购买成本、使用成本、回收成本和收益等指标。

（4）心理因素（P），是再利用产品不同于新产品的特有的一类因素，主要指再利用产品的品牌、前使用者的身份、使用方式等因素给再利用者购买和使用旧产品带来的心理满足度或心理损失。

以上4类因素作为本章对产品循环再利用绩效的测评因素。直接再利用或质量改进后可能达到的因素值的采集和预测以产品的购买、再利用到报废的数据为主，因此，从消费者的角度出发，界定产品循环再利用子系统如图4-4所示。

定义$A=[a_{ij}]$为产品再利用子系统中数据的特征矩阵，a_{ij}为产品在第j个阶段的第i个指标值，$j=1，2，3$，表示产品循环再利用从购买、使用到回收的3

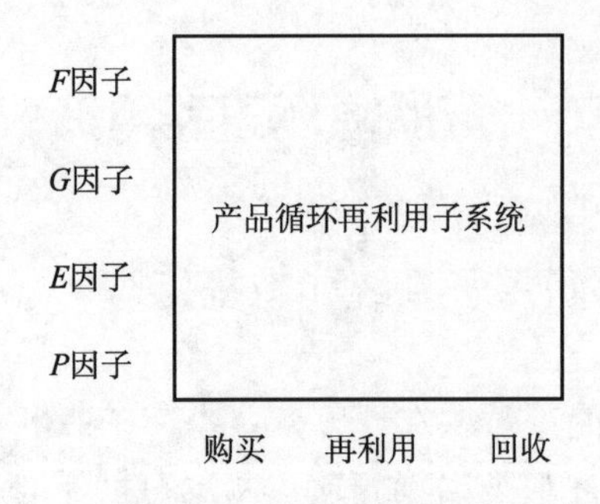

图 4-4　产品再利用子系统

个阶段，$i=1, \cdots, m$，表示分析评价产品再利用的各项指标。

设有 k 个同类再利用产品参加比较分析，那么 $A_k=[a_{ij}^k]$ 为再利用产品 k 的特征矩阵，a_{ij}^k 为产品 k 在第 j 个阶段的第 i 个指标值。指标类型一般分为效益型指标、成本型指标、固定型指标、区间型指标。还有一部分指标难以定量化，我们用模糊数学的方法来衡量这些定性指标，确定在 0 到 1 之间具体取值。设 $I=\bigcup_{i=1}^{5} I_i$，其中 I_i 表示效益型、成本型指标、固定型指标、区间型指标、定性指标的集合。可按下述公式将评价矩阵 $A_k=[a_{ij}^k]$ 转变为规范化矩阵 $B_k=[b_{ij}^k]$，其中

$$b_{ij}^k=\frac{(a_{ij}^k-\min\limits_k a_{ij}^k)}{(\max\limits_k a_{ij}^k-\min\limits_k a_{ij}^k)},\quad i\in I_1 \tag{4-13}$$

$$b_{ij}^k=\frac{(\max\limits_k a_{ij}^k-a_{ij}^k)}{(\max\limits_k a_{ij}^k-\min\limits_k a_{ij}^k)},\quad i\in I_2 \tag{4-14}$$

$$b_{ij}^k=\frac{1-|a_{ij}^k-a_{ij}|}{\max\limits_k |a_{ij}^k-a_{ij}|},\quad i\in I_3 \tag{4-15}$$

$$b_{ij}^k=\begin{cases}1-\dfrac{\max\{q_{ij}^1-a_{ij}^k,\ a_{ij}^k-q_{ij}^2\}}{\max\{q_{ij}^1-\min\limits_k a_{ij}^k,\ \max\limits_k a_{ij}^k-q_{ij}^2\}},\ a_{ij}^k\notin[q_{ij}^1,\ q_{ij}^2] \\ 1,\ a_{ij}^k\in[q_{ij}^1,\ q_{ij}^2]\end{cases}\quad i\in I_4 \tag{4-16}$$

$$b_{ij}^k=[0,\ 1],\ i\in I_5 \tag{4-17}$$

式中，a_{ij} 为固定型指标的固定值；q_{ij}^1，q_{ij}^1 为区间型指标的上限值和下限值。

二 产品循环再利用绩效测度方法

1. 用两阶段的层次分析法确定加权矩阵的指标权重

设加权矩阵为 $W=[\omega_{ij}]_{m\times n}$，其中 ω_{ij} 表示第 i 个指标在第 j 个阶段的权重，

$\sum \omega_{ij}=1$，得到规范加权矩阵

$$C_K=[c_{ij}^k],\ c_{ij}^k=\omega_{ij}\cdot b_{ij}^k \tag{4-18}$$

要从再利用产品全生命周期、生态环境影响、资源影响、人类影响等方面综合考虑，合理分配权重。首先，要治理的关键问题给予较高的权重，其主要指标往往起决定性作用。由于矩阵中指标较多，用层次分析法确定权重会出现偏颇，为了解决这一问题，本章对层次分析法做了改进，提出两阶段的层次分析法，具体方法如下：

(1) 在专家中选出权威专家。

(2) 由权威专家把指标分为 3 类，即重要、一般、不重要，给予标度 9、5、1，记作 ν_p ，$p=1$，2，3。

(3) 一般专家在类别内用层次分析法确定指标的权重 ν_{pq} ，$q=1$，…，n，n 为类别内指标个数。

(4) 最后确定综合权重 $\omega_{ij}=\nu_p\times\nu_{p\times q}$ ，归一化处理 ω_{ij}。

2. 用谱范数测度产品循环再利用绩效

设 $R^{m\times n}$ 为全体 n 方阵的集合。类似于向量范数的定义，这里我们取与向量 2—范数 $\|x\|_2$ 相协调的矩阵范数定义为

$$\|A\|_2=\sqrt{\lambda_{\max}(A^{\mathrm{T}}A)} \tag{4-19}$$

它称为 A 的 2—范数，即谱范数。其中 $\lambda_{\max}(A^{\mathrm{T}}A)$ 表示矩阵 $A^{\mathrm{T}}A$ 的最大特征值，由谱范数的定义可知，谱范数涵盖了矩阵内每个元素的信息，谱范数的大小可以用来计算矩阵内指标的综合值的大小。

由此我们可计算矩阵 C_k 的范数：

$$\|C_k\|=\sqrt{\lambda_{\max}(C_k^{\mathrm{T}}C_k)} \tag{4-20}$$

计算理想产品矩阵即权矩阵 W 的范数 $\|W\|$ ，由此计算再利用产品 A_k 的相对指数 $I_k=\|C_k\|/\|W\|$ ，将 I_k 值按从大到小的顺序排列即得到产品 A_k 的再利用绩效比较结论。

三　案例分析

本节将通过下面的案例说明用两阶段层次分析法和谱范数测度产品再利用绩效的方法，并验证它的有效性。某市宾馆由于要升级到 5 星级，淘汰了一批液晶电视，该批旧电视功能完好，经清洗等安全处理后，分别找到了 4 类再利用用户，分别是农村用户、同城低收入用户、低级别的宾馆和饭店。以下对 4 类电视的再利用绩效进行测度。

1. 收集数据，建立产品循环再利用特征矩阵

在再利用周期取购买阶段、再利用阶段和回收阶段，对技术先进性、绿色

性、再利用成本、心理指数 4 个指标值进行数据采集和处理。技术先进性是指再利用用户对旧电视的图像清晰性、声音、使用方便性等方面的评价，采用向再利用用户发放调查问卷的方式打分，指标值在［0，1］区间内，为效益型指标。绿色性是指液晶电视对人类的辐射和对环境释放的三氟化氮的危害程度等方面的评价，根据用户使用方式、开机时间等由专家在［0，1］区间内计算给值，为效益型指标。再利用成本分为购买成本、使用中耗电量发生成本、回收成本和收益，在国内，目前对于消费者来说回收具有收益，因此前两项为成本型指标，后一项为效益型指标。心理指数是指再利用用户购买和使用旧电视的心理满足度或心理损失程度，50 分以下说明产生了心理损失，50 分以上说明使用旧产品没有心理损失；旧电视的品牌及和新电视相比高的性价比带来的满意度回收阶段不考虑心理因素，指标值均为 0。由此得到再利用绩效测度矩阵 A_1、A_2、A_3、A_4，规范化后 B_1、B_2、B_3、B_4 分别为

$$B_1=\begin{vmatrix}1.00 & 1.00 & 1.00\\ 0 & 0.17 & 0.25\\ 1.00 & 0.33 & 0\\ 1.00 & 1.00 & 0\end{vmatrix}\qquad B_2=\begin{vmatrix}0.33 & 0.333 & 1.00\\ 0 & 0.83 & 0.75\\ 0.50 & 0.83 & 0.50\\ 0 & 0 & 0\end{vmatrix},$$

$$B_3=\begin{vmatrix}0 & 0.333 & 1.00\\ 0 & 1 & 1.00\\ 0 & 1 & 1.00\\ 0.11 & 0.60 & 0\end{vmatrix}\qquad B_4=\begin{vmatrix}0.30 & 0 & 0\\ 0 & 0 & 0\\ 0.25 & 0 & 1.00\\ 0.75 & 0.60 & 0\end{vmatrix}$$

2. 用改进的两阶段层次分析法确定指标权重

在 5 位专家中选出 1 位权威专家，把 12 个指标分为 3 类。①重要：购买阶段的购买成本、心理指数，使用阶段的技术先进性、使用成本、绿色性。②一般：购买阶段的技术先进性，使用阶段的心理指数，回收阶段的技术先进性。③不重要：购买阶段的绿色性，回收阶段的绿色性、回收收益和心理指数。

其他 4 位专家用层次分析法确定各个类别指标权重：$\nu_{1q}=(0.15, 0.21, 0.30, 0.21, 0.12)$，$q=1, \cdots, 5$；$\nu_{2q}=(0.38, 0.35, 0.27)$，$q=1, \cdots, 3$；$\nu_{3q}=(0.31, 0.20, 0.45, 0.04)$，$q=1, \cdots, 4$。

计算综合权重。例如，对于购买阶段的购买成本，属于重要类指标，即 $\nu_1=9$，$\omega_{31}=\nu_p\times\nu_{pq}=\nu_1\times\nu_{11}=9\times 0.15=1.35$，得到权矩阵：

$$W=\begin{vmatrix}1.90 & 2.79 & 1.35\\ 0.31 & 1.08 & 0.20\\ 1.35 & 1.89 & 0.45\\ 1.89 & 1.75 & 0.04\end{vmatrix}，归一化处理后得 W=\begin{vmatrix}0.13 & 0.19 & 0.09\\ 0.02 & 0.07 & 0.01\\ 0.13 & 0.13 & 0.03\\ 0.19 & 0.12 & 0.00\end{vmatrix}$$

3. 给矩阵赋权

按式（4-18）计算规范加权矩阵 C_1，C_2，C_3，C_4 分别为

$$C_1=\begin{vmatrix}0.13 & 0.19 & 0.09\\ 0 & 0.01 & 0\\ 0.13 & 0.04 & 0\\ 0.19 & 0.12 & 0\end{vmatrix}\qquad C_2=\begin{vmatrix}0.04 & 0.06 & 0.09\\ 0 & 0.06 & 0.01\\ 0.07 & 0.11 & 0.02\\ 0 & 0 & 0\end{vmatrix},$$

$$C_3=\begin{vmatrix}0 & 0.06 & 0.09\\ 0 & 0.07 & 0.01\\ 0 & 0.13 & 0.03\\ 0.02 & 0.07 & 0\end{vmatrix}\qquad C_4=\begin{vmatrix}0.04 & 0 & 0\\ 0 & 0 & 0\\ 0.03 & 0 & 0.03\\ 0.14 & 0.07 & 0\end{vmatrix}$$

4．计算矩阵范数，进行结果分析

按式（4-20）计算矩阵范数 $\| C_1 \| =0.34$，$\| C_2 \| =0.17$，$\| C_3 \| =0.19$，$\| C_4 \| =0.16$。计算理想产品矩阵即权矩阵 W 的范数 $\| W \| =0.38$，由此计算产品 A_1 的绩效指数 $I_1=\| C_1 \| / \| W \| =0.91$，同理，产品 A_2、A_3、A_4 的相对指数分别为 $I_2=0.45$，$I_3=0.49$，$I_4=0.43$。根据绩效指数大小，得到电视的再利用绩效排序：$A_1 > A_3 > A_2 > A_4$。

由于农村用户收入低，消费水平低，对该类旧电视的技术先进性打分较高，而且由于高性价带来的心理满足度较高，再利用绩效远远高于其他 3 类用户，低等级的宾馆使用绩效居中，同城低收入用户由于周边消费水平较高，使用旧产品有心理损失，所以再利用绩效较低，低等级的饭店开机时间长导致较高的使用成本，再利用绩效最低。因此，家电类产品被停止使用后，经评估可再利用的，首先要鼓励旧家电下乡，但农民能支付的价格较低，政府应该对出售旧家电的经销商有所补贴；另外，建立完备的再利用逆向物流系统，如果考虑交通成本及流通带来的环境污染等因素，可以选择供周边不同的等级维、任务维再利用。

产品停用后有不同的再利用方式，不同的方式会产生不同的价值，对再利用产品进行绩效测度有助于总结再利用的经验，最大限度地节约资源，保护环境，实现产品的最大再利用价值。本节提出了从功能性、绿色性、经济性和心理因素 4 个方面测度产品循环再利用全过程绩效，建立了产品循环再利用子系统和特征矩阵，为再利用的分析评价奠定了基础；针对产品循环再利用全过程数据分析的复杂性，提出了基于谱范数的测度方法，计算出每个产品特征矩阵的范数，通过相对指数的大小衡量再利用绩效，该方法充分利用了产品循环再利用全过程的指标信息，并在不同阶段给予指标不同的权重，评价结果客观可靠，可在其他带有时间问题的动态评价和决策工程中推广和应用。针对绩效测度指标过多的问题，本节提出了两阶段的层次分析法，由权威专家把指标分为重要、一般和不重要 3 类，一般专家在类别内用层次分析法确定指标的权重，最后确定综合权重。该方法是一种改进的层次分析法，在多指标权重确定中具有应用价值，同时也解决了专家的权威与共识问题。

第五章 产品循环再利用的博弈分析

第一节 博弈论基础

博弈论是应用数学的一个分支，是研究竞争性现象的一种数学理论和方法。博弈论是研究决策主体的行为发生直接相互作用时的决策以及这种决策的均衡问题。经济学中的博弈论是研究当某一经济主体的决策受到其他经济主体决策的影响时，该经济主体的相应决策又反过来影响其他经济主体选择时的决策问题和均衡问题。博弈论的基本元素包括参与人、行为、策略、信息、收益、结果、均衡。

参与人又称局中人，也叫博弈方，是指博弈中选择行动以使自身利益最大化的决策主体，可以是个人，也可以是团体，如企业、政府、国家。

行为是指参与人的决策变量，如消费者效用最大化决策中的各种商品的购买量，厂商利润最大化决策中的产量、价格等。

策略又称战略，是指参与人选择其行为的规制，也就是指参与人应该在什么条件下选择什么样的行动，以保证自身利益最大化。

信息是指参与人在博弈过程中的知识，特别是有关其他参与人的特征和行动的知识，即该参与人所掌握的其他参与人的、对其决策有影响的所有知识（王海燕，2007）。

收益又称支付，是指参与人从博弈中获得的利益水平，它是所有参与人策略或行为的函数，是每个参与人真正关心的东西，如政府最终所获得的效益、厂商最终所获得的利润等。

结果是指博弈分析者感兴趣的要素集合。

均衡是指所有参与人的最优策略或行动的组合。

本章所用模型可分为静态博弈、动态博弈两种。

(1) 静态博弈。在许多博弈问题中，如果博弈方的决策选择有先后次序，某些博弈方能事先知道其他博弈方的决策选择，就会有针对性地进行决策或相应调整自己的策略，从而使自己立于不败之地或获得更多的收益。这肯定会造成博弈方之间的不公平、不平等。为了保障博弈方之间的公平性，使计谋和决策对抗更有意义，同时也有现实博弈问题的根据，许多博弈常常要求或者说设定各博弈方是同时决策的，或者虽然各博弈方决策的时间不一定真正一致，但在他们做出选择之前不允许知道其他博弈方的策略，在知道其他博弈方的策略之后则不能改变自己的选择，从而各博弈方的选择仍然可以看成是同时做出的。我们将其称为静态博弈。

（2）动态博弈。除了各博弈方同时决策的静态博弈以外，在由大量现实决策活动构成的博弈中，各博弈方的选择和行动不仅有先后次序，而且后选择、后行动的博弈方在自己选择和行动之前，可以看到其他博弈方的选择、行动甚至还包括自己的选择和行动。这种博弈无论在哪种意义上都无法看成同时决策的静态博弈，我们把这种博弈称为动态博弈。在动态博弈中，各博弈方轮流选择的可能是方向、大小、高低等，也可能是各种其他的具体“行动”，包括产量、价格等。

由于动态博弈中各博弈方的行为有先有后，因此在博弈方之间肯定存在某种不对称性。先行为的博弈方可能利用先行之利获得利益，后行为者可能会吃一点亏。但反过来，后行为者可根据先行为者的行为做有针对性地选择，而且还要顾忌、考虑到后行为者的反应。因此，与博弈方同时行为的静态博弈相比，动态博弈者肯定有不同的特点和结果。

由于博弈方可能会故意保密或信息传递不畅等，动态博弈中也可能存在至少部分后行为的博弈方无法了解在自己之前行为的部分或全部博弈方行为的情况。如果是各博弈方都只是一次性行为方的选择，那么我们可能将这种博弈当作静态博弈来处理，因为这时各个博弈方的信息方面是平等的，与所有博弈方同时选择的静态博弈没有什么区别。可是，如果后行为的博弈方中只有部分博弈方无法看到自己选择之前的博弈过程，或者各个博弈方对博弈进程信息的掌握有差异，或者各博弈方不是只有一次行为选择，但却无法观察到前面的博弈进程，那么我们就无法将这样的博弈看成是静态博弈，它们只能是动态博弈，是没有关于博弈进程完美信息的动态博弈，我们称之为“不完美信息的动态博弈”。

均衡策略组合对任何种类博弈的分析都是关键，对不完美信息动态博弈也不例外。对于一个动态博弈来讲，可信性始终是均衡的一个中心问题，理想的均衡必须能够排除任何不可信的威胁或承诺。在不完美信息动态博弈中，因为存在多节点信息集，一些重要的选择及其后续阶段不构成子博弈，因此要求满足子博弈完美性就无法完全排除不可信的威胁或承诺，无法保证均衡策略中所有选择的可信性，为此必须发展新的均衡概念：

要求 1：在每个信息集，轮到选择的博弈方必须具有一个关于博弈达到该信息集中每个节点可能性的“判断”。对非单节点信息集，一个“判断”就是博弈达到该信息集中各个节点可能性的概率分布，对单节点信息集，则可理解为“判断达到该节点的概率为 1”。

要求 2：给定各博弈方的“判断”，他们的策略必须是“序列理性”的，即在各个信息集，给定轮到选择博弈方的判断和其他博弈方的“后续政策”，该博弈方的行为及以后阶段的“后续策略”必须使自己的得益或期望得益最大。此处所谓“后续策略”即相应的博弈方在所讨论信息集以后的阶段中针对所有可能情况如何行为的完整计划。

要求 3：在均衡路径上的信息集处，“判断”由贝叶斯法则和各博弈方的均衡策略决定。

要求 4：在不处于均衡路径上的信息集处，“判断”由贝叶斯法则和各博弈方在此处可能有的均衡策略决定。

当一个策略组合及相应的判断满足这样四个要求时，称为一个“完美贝叶斯均衡”。这是完美贝叶斯均衡的比较完全的定义方法。之所以称为完美贝叶斯均衡，首先是因为它的第二个要求“序列理性”与子博弈完美纳什均衡中的子博弈完美性要求相似；其次是因为要求 3 和要求 4 中的规定的形成必须符合贝叶斯法则。

第二节　废旧产品循环再利用的博弈过程分析

一　废旧产品循环再利用博弈过程

金融危机之后，我国经济将加快从依靠外向型经济向依靠内需拉动转变的步伐，随之激增的废旧品数量势必导致资源再利用与环境污染问题凸显，构建和完善废旧品循环再利用体系已是亟待解决的焦点问题。但是，我国废旧品循环再利用的实施面临重重阻碍和困境。究其原因，未能理清和协调好涉及该体系构建的各方主体之间的利益关系是主要问题之一。各类废旧品在回收效益和环境污染方面的差异，决定了参与主体不仅包括企业，而且还包括政府和消费者。它们所承担的责任、义务及追求目标亦不尽相同。企业追逐利益，政府改善社会福利，消费者寻求实惠。彼此间的收益受制于对方决策，目标的不一致引发行为的冲突与妥协，而信息的对称与否又使问题趋于复杂，构成典型的具有策略依存性的博弈问题。如何根据废旧品特性，梳理各方主体在回收体系中的地位与作用，深入研究其博弈关系与策略选择，避免局部的盲目性从而实现全局最优，对有效发挥政府的监管作用、提高企业的回收积极性、激发消费者的配合热情具有重要的现实意义。基于上述考虑，本节从博弈视角对废旧品循环再利用中涉及的企业、政府和消费者展开分析，研究结果可以为企业谋求竞争优势、政府制定科学的监管与激励政策提供理论依据及参考，为我国早日建立起惠及社会、经济、环境的高效废旧品循环再利用体系，有效缓解我国废旧品污染与资源浪费问题贡献一份力量。

本节将根据博弈论的相关知识，并利用博弈方法构建再生资源逆向物流中的政府和企业的博弈模型、企业和企业的博弈模型、企业与消费者的博弈模型，并加以分析，本节所提企业为产品的原制造企业，根据政府与企业、企业与企业、企业与消费者之间关于实施再生资源逆向物流的博弈模型，结合国外发展逆向物流的经验及我国再生资源逆向物流的现状，分析大力发展我国再生资源逆向物流的对策。

建立废旧产品回收逆向物流，一方面是出于自身节约成本或资源的需要，另一方面是出于外部因素如政治、法律和营销等的需要，涉及多方主体，包括企业、消费者和政府。

这三类主体参与实施逆向物流的目的不同，寻求的收益不同。企业是一个经营实体，通过物流活动向消费者提供产品和服务，实现资本的增值和收益的最大化。企业实施逆向物流活动的目的在于提升企业形象，赢得消费者的信赖和支持，促进企业的可持续发展，实现长期利润最大化。同时，企业在经营过程中还要接受政府的管理与监督。消费者参与逆向物流活动的目的在于获得满意的产品和服务，提高自身的生活环境质量，体现较高的生态环境意识和社会责任感。政府作为政策的制定者、社会的管理者、企业的监督者、冲突的仲裁者，是各种社会权力的集成者，其职能是维持社会稳定，促进经济的可持续发展，提高国民的生活质量。这些职能和角色决定了政府参与逆向物流活动的目的在于确保资源的合理利用，保护生态环境，促进生态平衡，最终促进社会经济的可持续发展。

在各博弈主体实现其收益最大化的过程中，企业为了追求利益最大化，往往容易损害消费者和社会的利益，消费者也有自私的一面，而政府同样有缺陷。角色、职能、目标的不同，决定了它们的行为方式差异很大，但又相互制约、相互依存。在三方利益的博弈中，企业、消费者、政府三者都不能独自占优，它们必须相互合作、相互监督，才能实现企业的快速可持续发展，使消费者满意，并实现对生态环境的保护，维持平衡。

二 政府与企业之间的博弈

在逆向物流活动中，政府的行政管理职能体现在为市场制定一套行之有效的游戏规则，并对市场的运行进行必要的组织、协调、监督与控制。环保以及逆向物流相关政策法律的出台，就是政府与企业之间博弈的结果，或者是政府与企业之间博弈的均衡过程。

政府参与逆向物流活动的行为有两种：积极支持和非积极支持。政府的积极支持行为表现在：政府出台有利于逆向物流活动的相关政策和法律，对一些污染严重的企业实现关、停、并、转，并积极宣传和引导实施逆向物流活动等。政府的非积极支持行为表现在：不为实施逆向物流活动的企业积极创造条件，对不实施逆向物流活动且对环境危害严重的企业监管不严，处罚不力等。企业实施逆向物流活动的行为有两种：实施逆向物流活动和不实施逆向物流活动。

1. 模型假设

(1) 博弈中仅有两个参与者——政府与企业，两者都是理性的经济人，均追求得益最大化；

(2) 政府可以选择的策略有两种——“检查”或“不检查”，企业可以选择的策略为“构建”或“不构建”；

(3) 两个参与者做出决策前不知道对方的行动，可以认为他们的行动是同时的，即该模型为静态博弈；

(4) 参与人对相互的策略和得益函数有准确的认识，即该模型为完全信息博弈；

(5) 环境的改善及其成本是政府关心的主要目标；

(6) 企业构建逆向物流能够处理部分废弃物，改善人类的生存环境，从而使政府降低环境治理成本；

(7) 当企业未构建逆向物流时，由于对资源未进行回收，对废弃物未进行处理，会造成资源浪费和环境污染，如果被检查到，会受到法律诉讼和处罚。

2. 模型描述

由模型假设可知，该博弈为完全信息静态博弈。

作为理性的经济人，政府和企业都将在权衡利益得失后，选择决策行动，其中，政府希望以较小的成本获得较大的环境改善，企业追求利润最大化。

模型参数如下：

M_r 表示构建逆向物流的企业所获得的利润；

M_p 表示未构建逆向物流的企业的利润；

C 表示政府在对企业进行检查时，所花费的财力、物力、人力成本；

C_r 表示企业构建逆向物流所增加的成本；

C_p 表示企业未构建逆向物流的情况下，被政府检查到后所受到的惩罚；

E 表示由于企业构建逆向物流使政府减少的治污成本。

对于政府关心的环境改善，我们在此用政府治理污染成本的减少来进行衡量，如果企业构建逆向物流，则政府的治污成本会减少 E，相当于政府的得益增加了 E；否则，政府得益没有增加或减少。

该博弈的得益矩阵见图 5-1，“－”表示政府或者企业支出；“＋”表示政府或者企业收益。如矩阵中（$-C+E$，M_r-C_r）前面的表示政府支出与收益之和，后面的表示企业支出与收益之和。

政府 \ 企业	构建	不构建
检查	$-C+E, M_r-C_r$	$-C+C_p, M_p-C_p$
不检查	E, M_r-C_r	$0, M_p$

图 5-1　政府与企业之间的博弈矩阵

3. 模型求解

第一，$M_r - C_r > M_p - C_p$，即构建逆向物流的企业利润大于未构建逆向物流的企业受到惩罚后的利润，分两种情况：

(1) $M_r - C_r > M_p$ 时，通过画线法得唯一纯策略纳什均衡解（不检查，构建）。在这种情况下，构建的企业的利润大于未构建的企业的利润，达到了帕累托最优，因为企业利润得以提高，消费者享受到了更好的服务，生态环境得到了改善，政府的治污成本下降，整个社会福利也增加了。

(2) $M_r - C_r > M_p$ 时，当 $C > C_p$ 时，有 $-C+C_p>0$，采用画线法可得唯一纯策略纳什均衡（不检查，不构建）。此时，政府检查所需成本较大，对企业未构建的惩罚力度又太小，而且企业构建的利润小于不构建所得利润。当 $C < C_p$ 时，有 $-C+C_p<0$，此时无纯策略纳什均衡，可用下面的混合策略的求法求解。

第二，$M_r - C_r < M_p - C_p$，即构建逆向物流的企业利润小于未构建逆向物流的企业受到惩罚后的利润，则

(1) 当 $C < C_p$ 时，有 $-C+C_p<0$，此时有唯一纯策略纳什均衡（检查，不构建）；

(2) 当 $C > C_p$ 时，有 $-C+C_p>0$，此时纯策略纳什均衡解为（不检查，不构建）。

在这两种情况下，企业就算被查出是未构建而被惩罚，其利润仍比选择构建的利润多，所以企业不论政府检查与否都宁愿选择不构建。

第三，由上述分析可知，当 $M_p - C_p < M_r - C_r < M_p$ 且 $C < C_p$ 时，无纯策略纳什均衡，求其混合策略解。

此时博弈方政府和企业以一定的概率分布在可选策略中随机进行选择。设政府以 X 的概率对企业进行检查，$1-X$ 的概率不检查；企业以 Y 的概率构建逆向物流，$1-Y$ 的概率不构建逆向物流。

在均衡状态下，对政府而言，选择“检查”的预期收益和“不检查”的预期收益相等，即

$$Y*(-C+E)+(1-Y)*(-C+C_p)=Y*E+(1-Y)*0$$

解得 $Y=1-C/C_p$。

同理，对企业来说，均衡状态下，“构建”与“不构建”的预期收益也相等，即

$$X*(M_r-C_r)+(1-X)(M_r-C_r)=X*(M_p-C_p)+(1-X)*M_p$$

解得 $X=M_p-(M_r-C_r)/C_p$。

所以，当政府以 $M_p-(M_r-C_r)/C_p$，$1-[M_p-(M_r-C_r)/C_p]$ 的概率分布随机选择“检查”和“不检查”，企业以（$1-C/C_p$，C/C_p）的概率随机选择“构建”和“不构建”时，双方都无法通过单独改变策略，即单独改变随机选择纯策略的概率分布而提高利益，因此双方上述概率分句的组合构成一个混合策略纳什均衡。

由上述分析可知，要使企业“构建”获得赢利，又要使环境得以改善，实现帕累托最优，即（不检查，构建），则需要满足 $M_r-C_r>M_p$，而在 $M_p-C_p<M_r-C_r<M_p$ 且 $C<C_p$ 时，则需要在降低政府“检查”的概率 $M_p-(M_r-C_r)/C_p$ 的同时，提高企业“构建”的概率 $1-C/C_p$，其均衡逐渐向（不检查，构建）逼近。

我们可以从以下几方面入手：

（1）加大研发力度，降低构建逆向物流所增加的成本 C_r；

（2）政府加大对未构建逆向物流的企业的惩罚力度 C_p；

（3）政府加大对企业的政策支持；

（4）提高企业的可持续发展意识；

（5）企业提高回收处理技术，节约资源，降低成本。

三 企业与企业之间的博弈

大多数企业并没有认识到逆向物流的重要性，而是消极对待，认为再生资源逆向物流活动应该由政府和社会来实施，企业实施只会造成经济效益的降低，造成资源和时间的浪费。同时，企业间缺乏信息交流，造成废旧物资回收的社会运输总成本居高不下。以下通过对在政府不干预和干预条件下同类企业对再生资源逆向物流的选择进行比较，说明政府的干预和管制必不可少。

1. 政府不干预下的企业间逆向物流博弈

1）模型假设

（1）假设两个局中人——两家同类企业，都是理性的经济人；

(2) 假设企业 A、企业 B 是生产同类产品的两企业，企业 A 的决策先于企业 B 的决策，企业 A、企业 B 实施逆向物流与否是一个动态博弈过程；

(3) 政府对是否实施逆向物流不做干预。

2) 模型建立

模型参数表示如下：

a_1表示企业 A 实施逆向物流时所获得的经济和社会收益；

b_1表示企业 B 实施逆向物流时所获得的经济和社会收益；

a_2表示企业 A 实施逆向物流时花费的成本；

b_2表示企业 B 实施逆向物流时花费的成本；

a_3表示企业 A 不实施逆向物流而能节约的成本；

b_3表示企业 B 不实施逆向物流而能节约的成本；

a_4表示企业 A 失去的社会收益，也就是企业获得负面效应所增加的成本；

b_4表示企业 B 失去的社会收益，也就是企业获得负面效应所增加的成本。

根据假设和参数建立企业与企业逆向物流博弈树，如图 5-2 所示。

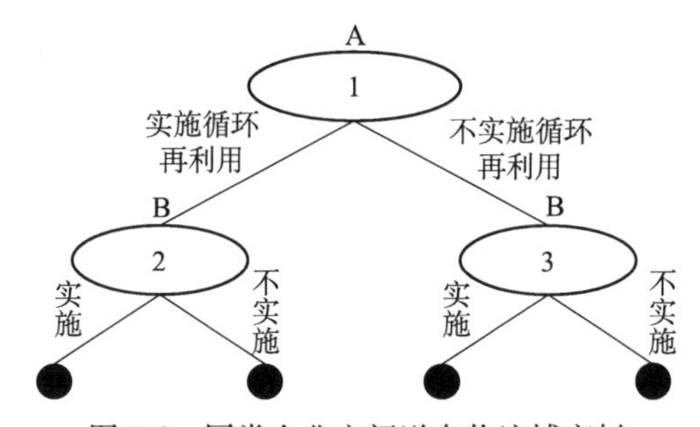

图 5-2　同类企业之间逆向物流博弈树

3) 模型分析

从图 5-2 中可以得出：当企业 B 随企业 A 逆向物流也进行逆向物流时，由于假设两家企业规模相当，视为两者都实施逆向物流时付出的成本和获得的收益相同，即 $(a_1-a_2)=(b_1-b_2)$，当企业 A 实施逆向物流而企业 B 并没有随之实施逆向物流，虽然企业 B 可以节约一定的成本但社会声誉会有所下降，即企业 B 的收益为 b_3-b_4，企业 A 的收益仍然为 a_1-a_2，可以看出，只要 $(a_1-a_2)>(b_3-b_4)$，企业就会选择实施逆向物流；当企业 A 不实施逆向物流而企业 B 实施时，企业 A 和企业 B 的收益为 a_3-a_4，b_1-b_2，分析同前；当企业 A、企业 B 都不实施逆向物流时，收益视为相等，即 $a_3-a_4=b_3-b_4$。

2. 政府干预下的企业间逆向物流博弈

1) 模型假设

(1) 假设两个局中人——两家同类企业，都是理性的经济人；

(2) 假设企业 A、企业 B 是生产同类产品的两企业，企业 A 的决策先于企业B的决策，企业A、企业B实施逆向物流与否是一个动态博弈过程；

(3) 考虑政府对企业不实施逆向物流的行为要进行惩罚。

2) 模型建立

模型参数表示如下：

a_1表示企业A实施逆向物流时所获得的经济和社会收益；

b_1表示企业B实施逆向物流时所获得的经济和社会收益；

a_2表示企业A实施逆向物流时花费的成本；

b_2表示企业B实施逆向物流时花费的成本；

a_3表示企业A不实施逆向物流而能节约的成本；

b_3表示企业B不实施逆向物流而能节约的成本；

a_4表示企业A失去的社会收益，也就是企业获得负面效应所增加的成本；

b_4表示企业B失去的社会收益，也就是企业获得负面效应所增加的成本。

a_5表示企业A不实施再生资源逆向物流时政府给予的处罚；

b_5表示企业B不实施再生资源逆向物流时政府给予的处罚。

图5-3中列出了政府干预条件下的两企业之间各自的策略和相应的收益值，左边为企业A的收益函数，右边为企业B的收益函数。

A \ B	实施循环再利用	不实施
实施循环再利用	a_1-a_2，b_1-b_2	a_1-a_2，$b_3-b_4-b_5$
不实施	$a_3-a_4-a_5$，b_1-b_2	$a_3-a_4-a_5$，$b_3-b_4-b_5$

图5-3　政府干预条件下企业之间的博弈矩阵

从图5-3可知：当企业B随企业A实施逆向物流业进行逆向物流时，两者收益和政府不加干预时一致，即 $(a_1-a_2)=(b_1-b_2)$；当企业B没有随企业A实施逆向物流而进行逆向物流时，企业B会因不进行逆向物流而节约一定的成本，但对于企业B不仅社会收益即企业形象有所下降，而且还会受到政府的高额罚款，即企业B的收益为 $b_3-b_4-b_5$，只要 $(a_1-a_2)=(b_1-b_2)>b_3-b_4-b_5$，则企业A和企业B就会选择实施逆向物流。

当企业A不实施逆向物流但企业B却采取逆向物流的策略时，企业A、企业B的收益为 $a_3-a_4-a_5$，b_1-b_2。由于社会对环境的认知度不够高，获得的社会收益和失去的社会收益都不够显著，企业从事逆向物流的动力不够大。这就需要让社会更加注重实施逆向物流的企业产品的文化内涵，努力提升企业进行逆向物流时企业所获得的社会收益 b_1。

当企业A和企业B都不实施逆向物流时，令其收益相等，即 $a_3-a_4-a_5=$

$b_3-b_4-b_5$，两者的收益均低于政府不进行处罚时（a_1-a_2）＝（b_1-b_2）的状况。可以看出，当政府对不进行逆向物流活动的行为实施高额惩罚时，企业不进行逆向物流的成本会更高，所以政府的干预会使企业更易选择实施逆向物流的策略。

作为理性的经济人，企业会从自身效益最大化的目标出发，不会顾及社会和环境利益，因为实施逆向物流存在很多障碍：供给方（即输入方）产品的质量、数量和时间都不确定，无法做出预测；需求方（即输出方）在我国还没有很成熟的二级市场，消费者对回收再利用产品有着本能的抵触，认为再利用产品的质量不合格；逆向物流中间的处理阶段，包括回收维护设施、维护工艺、维护技术人员的水平，都尚待提高。所以要使企业都实施逆向物流系统，政府的干预和管制必不可少。

四 企业与消费者之间的博弈

消费者的环保意识直接影响其对企业形象的判断，以及对实施逆向物流企业所生产商品的需求。生产决定消费，消费又可以反作用于生产，成为生产的动力和出发点，这样的生产与消费的互动机制有助于推动企业构建与实施逆向物流。

企业方面，企业构建逆向物流能够提高资源利用率，降低包装成本，发展循环经济，塑造企业形象，其最终目的是提高企业的效益。在企业实施再用包装逆向物流的过程中，通过提高企业售后服务的质量、减少企业对环境的污染、增加消费者的满意度，企业的绿色行动得到消费者的认同，塑造了企业的环保形象，使得企业及其产品更具有竞争力。

消费者方面，随着消费者生活水平和整体素质的提高，资源意识加强，因而可以反作用于企业，促使企业在生产过程中生产绿色产品和回收利用率高的产品。消费者环保意识的增强、产品回收利用率的提高都使得企业构建逆向物流有利可图。

企业与消费者的互动在现实中一般不是同步进行，而是有先后次序的，也就是说在这一博弈过程中，企业先行动，消费者根据企业的行动再决定是否“购买”，因此企业与消费者的博弈是一个动态过程。本节采用完全且完美信息动态博弈对企业与消费者之间的行动进行分析。完全且完美信息动态博弈是指在博弈中：①参与主体的行动是按顺序发生的；②在对下一步行动进行选择之前，所有以前的行动都可被观察到；③每一可能的行动组合下参与主体的得益都是共同知识。

1）模型建立

企业与消费者的博弈为两阶段动态博弈，第一阶段是企业行动；第二阶段是消费者根据企业第一阶段的行动进行选择。模型参数如下：

R 表示企业无论构建与否都可得到的收益。

C 表示企业构建逆向物流的成本。

U_1表示消费者购买构建逆向物流的企业的产品时的得益。

U_2表示消费者购买未构建逆向物流企业的产品时的得益。

构建逆向物流，无论对消费者还是对社会和环境都是有好处的，可以使消费者有较高的满意度，可以改善环境，因此我们在此假设 $U_1>U_2$。企业与消费者的博弈树 1 如图 5-4 所示。

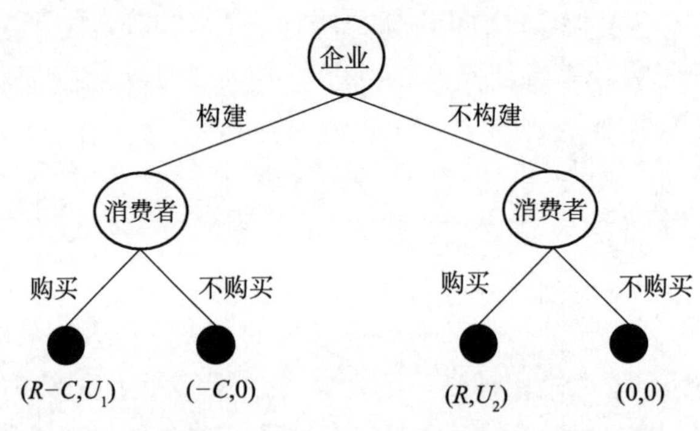

图 5-4 企业与消费者的博弈树 1

2）博弈分析

假设博弈方都是以自身利益最大化为目标的。在第一阶段，企业选择“构建”或“不构建”，博弈到达第二阶段，在这个阶段，消费者也有两个选择：“购买”或“不购买”，博弈结束。

如果企业在第一阶段选择“构建”，对企业而言，第二阶段消费者选择“购买”时，企业得益为 $R-C$；第二阶段消费者选择“不购买”时，企业不仅得不到利润，还需要付出构建成本 C，此时企业得益为 $-C$。对消费者来说，“购买”时得益为 U_1，“不购买”时得益为 0。

如果企业在第一阶段选择“不构建”，对企业而言，第二阶段消费者选择“购买”时，企业得益为 R；第二阶段消费者选择“不购买”时，企业得益为 0。对消费者来说，“购买”产品的得益为 U_2，选择“不购买”产品时的得益为 0。

其中，由于设 $U_1>0$，$U_2>0$，因此，无论企业“构建”与否，消费者的选择都是“购买”。而对于企业来说，$R-C$ 显然小于 R。那么，企业清楚消费者的行动准则，知道消费不会因自己“不构建”而选择“不购买”，因此根据自己的得益最大化准则，会选择“不构建”。此时，双方得益为（不构建，购买），使得企业获利，消费者效用较低，社会总的福利没有得到提高。这显然不是该问题的最佳结局，模型有待优化。

3）模型优化

我们可以通过增加对企业行为的约束，消除企业对即使选择“不构建”消费者也会“购买”的认定，从而使企业愿意“构建”，最终达到（构建，购买）这种帕累托最优结果。

在图 5-4 的博弈树中，当企业选择“不构建”时，消费者没有保护自身权益的方式，无可奈何只能选择“购买”，使得企业对消费者行为的预期很有把握，从而选择“不构建”以求企业利益最大化。如果消费者“购买”了未构建逆向物流的企业的产品时可以用法律武器，即“打官司”来保护自己的权益，情况就会有所不同。因为，企业不构建逆向物流会使消费者效用降低，使环境受到污染，因此消费者在打官司时应该能够获胜。

考虑到打官司通常要消耗大量人力、物力，并且常常不能充分保障胜诉当事人的全部权益。因此，我们假设消费者胜诉后不仅可以拥有原产品的效用 U_2，还可以得到一定的补偿 E（$E>0$），而企业则由于败诉需支付一定的惩罚 P（$P>C$）。但是，如果消费者不打官司，则消费者仅得到 U_2，二企业仍得 R。这样就可以得到如图 5-5 所示的博弈树 2。

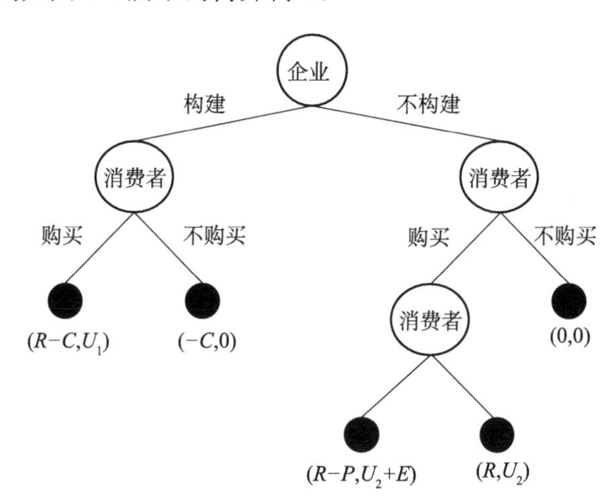

图 5-5　企业与消费者的博弈树 2

此时，在原博弈树 1 中加入第三阶段，博弈的结果大不相同。

当企业选择“不构建”时，消费者有两种选择：如果打官司，则消费者获益；如果不打官司，则消费利益受损。因此，即使不考虑惩罚企业利己行为的心理快慰，消费者的选择也一定是“打官司”。

对企业来说，它完全清楚消费者的上述思路，知道消费者会“打官司”，进而知道自己如果在第一阶段选择“不构建”，等待它的必然是一场官司和罚款，因此企业符合理性的选择是“构建”而不是“不构建”。此时，消费者通过法律手段维护了自己的权益，两博弈方实现了双赢的局面，即（构建，购买），双方得益为（$R-P$，U_2+E）。

通过上述分析可知，完善公正的法律制度在企业和消费者的博弈过程中起了关键作用，使得双方的利益都能得到保证，不会因一方追求利益最大化的行为导致社会福利的减少。可见，健全公正的法律制度不但能保障社会的公平，而且能提高社会经济活动的效率，是实现最有效率的社会分工合作、实现可持续发展的重要保障。当然，要充分保障社会公平和经济活动的效率，法律制度必须要满足两方面的要求，一是对人们正当权益的保护力度足够大，二是对侵害他人利益者有足够的震慑作用，如果达不到这种水平，法律制度的作用就是很有限的，甚至完全无效。

比如在博弈树 2 中，如果消费者所得的补偿 $E\leqslant 0$，则消费者打官司就算是赢了也不能保持原有的利益，反而会使自己受损失，那么消费者选择“打官司”的可能性极小，不会威胁到企业在第一阶段选择的判断。如果消费者打官司获胜后法律对企业的惩罚力度较小（$P<C$），那么惩罚对企业来讲没有实际意义，只会纵容企业继续无视消费者的利益和社会的可持续发展，使得经济发展与生态环境的矛盾日益严峻。

第三节　再利用产品交易的不完美信息动态博弈

一　单一价格再利用产品交易博弈模型

在上一节中我们分析了一个动态博弈的例子（企业与消费者之间的博弈），后博弈方在对下一步行动进行选择之前，所有以前的行动都是可被观察到的，也即后面阶段选择的博弈方有关于前面阶段博弈过程进程的充分信息，我们称这种完全了解自己行为之前博弈进程的博弈方为“有完美信息的博弈方”，如果一个动态博弈中的所有博弈方都是有完美信息的，我们称这种博弈为“完美信息的动态博弈”。

但是，再利用产品作为回收后再销售给消费者的商品，由于其新旧程度没有判定标准，所以在消费者购买的过程中充满了不确定性，比如，可以通过品牌、型号、出厂日期等比较容易确定的因素，以及可以看得见的外观、听得到的声音判断其质量和价值，但是，许多内在的损耗或毛病却不容易通过这些方法发现，特别是当卖方有意识地伪装以后就更不容易直观判断出来。由于博弈方可能会故意保密或信息传递不畅等，动态博弈中也可能存在至少后行为的博弈方无法了解在自己之前行为的部分的情况，这种没有关于博弈进程完美信息的动态博弈，我们称为“不完美信息的动态博弈”，相应的博弈方称为“有不完美信息的博弈方”。

本节以二手电器交易为例子，将再利用产品的交易问题抽象成这样一个博弈问题：首先是卖方选择如何售出电器，为了简单起见，我们假设有好、差两种方式，分别对应再利用产品市场内有质量好、差两种情况的产品；其次是卖方决定是否要卖，卖价可以有一种，有高低两种或更多，价格越多当然问题就越复杂；最后是买方决定是否买下，我们假设买方要么接受卖方价格，要么不买，但不能讨价还价。由于在这个动态博弈中，买方作为一个博弈方对第一阶段卖方的行为不了解，即买方具有不完美信息，这是一个不完美信息的动态博弈。

为了讨论单一价格二手电器交易可能出现的各种均衡情况，这里先给出一个比较一般的模型。假设二手电器有好、差两种情况，对买方来讲价值分别为 V 和 W，当然是好二手电器的价值 V 大于差二手电器的价值 W。再假设买方想买的就是好的二手电器，并不想买便宜货，因此卖方要想卖出二手电器，不管二手电器质量好坏，只有都当成好的卖，所以只有一种价格 P。这也意味着质量差时卖方必须花一定的费用进行伪装才有希望骗过买方，伪装的费用为 C。这样再利用产品交易可用图 5-6 表示，其中，各个得益数组的第一个数字为卖方的，第二个数字为买方的。

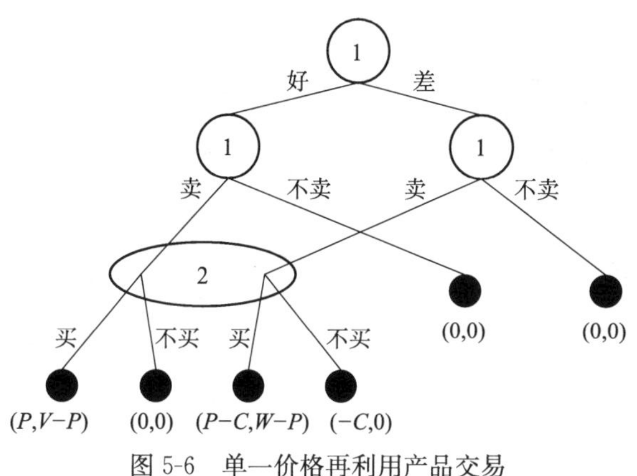

图 5-6　单一价格再利用产品交易

根据图 5-6 中的得益简单分析我们可以知道，如果 $P>C$，$V>P>W$，即卖价大于伪装费用，对买方来说质量好时价值大于价格，而质量差时价值小于价格，则质量好时成交双方都有利，质量差时成交则卖方得利买方损失；质量好时未成交双方虽没损失，但也丧失了得益的机会；质量差时卖方不想卖而已，想卖而又卖不出去则白白损失一笔用于伪装的费用，而买方当然不会有什么损失，可以庆幸没有上当受骗。

既然再利用产品交易有许多可能的结果，或者说有多种不同的均衡结果，那么我们就需要一些判断标准，帮助我们分析具体的再利用产品交易的结果和效率，判断哪些结果是比较理想的，哪些是比较差和不满意的。

首先，我们可以根据效率差异将市场均衡分为下面四种不同的类型：

(1) 市场完全失败。如果市场上所有的卖方，甚至质量“好”的商品的买方，都因为担心卖不出去而不敢将商品投放市场，当然市场就完全不能运作，如果此时潜在的贸易利益确实是存在的，则我们称这种情形为“市场完全失败”。

(2) 市场完全成功。如果只有质量好的商品的卖方将商品投放市场，而质量差的商品卖方不敢将商品投放市场，此时因为市场上的商品都是好的，因此买方会买下市场上的所有商品，实现最大的贸易利益，我们称这种情况为“市场完全成功”。

(3) 市场部分成功。如果所有卖方，包括有好商品的和有差商品的，都将商品投放市场，而买方也不管好坏商品都买进，这种情况称为“市场部分成功”。因为这种情况下能够进行交易，潜在的贸易利益能够实现，但同时也会存在部分“不良交易”，即买方买进差商品时蒙受损失。

(4) 市场接近失败。如果所有好商品的卖方都将商品投放市场，而只有部分差商品的卖方将商品投放市场，同时买方不是买下市场上的全部商品，而是以一定的概率随机选择是否买进，这样的市场称为“市场接近失败”。

具体的市场交易中出现上述哪一种情况，主要取决于模型中买卖双方的利益与风险的对比，而买卖双方的利益与风险又取决于不同质量商品的价值V和W、交易价格P、伪装费用C，以及商品好差的概率$p(g)$和$p(b)$，$p(g)$和$p(b)$分别代表商品好、差的概率，它们主要取决于买方的主观判断，但买方的主观判断必须以实际情况为基础。改变价值V、W、价格P和伪装成本C，以及商品好差的概率$p(g)$和$p(b)$，则可能使市场从一种类型的均衡转变为另一种类型的均衡。

在有些均衡中，所有的卖方，也就是具有完美信息的博弈方，都采用同样的策略，而不管他们的商品是好还是差，这种不同情况的完美信息博弈方采取相同行为的市场均衡，称为“合并均衡”，如市场完全失败中所有卖方都选择不卖，市场部分成功中所有卖方都选择卖。而在另一些均衡中，拥有商品质量不同的卖方会采取完全不同的策略，这种不同情况的完美信息博弈方采取完全不同行为的市场均衡，称为“分开均衡”，如市场完全成功类型的均衡中，商品质量好的卖方将商品投放市场，而商品质量差的卖方不敢将商品投放市场。

在分析一个不完美信息的市场交易博弈时，如果能够先判断出市场和均衡的类型，具体的分析就会比较容易。

二 单一价格再利用产品交易均衡分析

1. 模型的纯策略完美贝叶斯均衡

1）市场部分成功的合并均衡

首先，如果我们假设质量差的旧电器出现的概率 p（b）很小，即买方相信还是好电器占大多数，并且卖方伪装的费用 C 相对于价格 P 很小，则下列策略组合和判断构成一个市场部分成功的完美贝叶斯均衡：

（1）卖方选择卖，不管商品质量好差；

（2）买方选择买，只要卖方卖；

（3）买方的判断是 $p(g\mid s)=p_g$，$p(b\mid s)=p_b$。

其中，p_g、p_b 表示市场上好电器、差电器的概率。我们用逆推归纳法来证明它是一个完美贝叶斯均衡。买方在自己的决策信息集处选择买的期望得益为 $p_g(V-P)+p_b(W-P)$，根据早先假设的 $V>P>W$ 和这里假设的 p_b很小，我们可以认为该期望得益为正值。如果买方选择不买，则他的得益为 0。因此，买方选择买能实现较大的期望得益，只要卖方选择卖，轮到他选择时必然会选择买。

现在倒推回卖方的决策。首先卖方清楚买方的判断和决策思路，因此他知道只要自己选择卖就一定能卖得出去。如果他的电器是好的，则他选择卖的得益为 P，大于选择不卖的得益为 0，当然会选择卖；如果他的电器是差的，则他选择卖的得益为 $P-C$，根据刚才的假设，$P-C$ 也大于 0，因此他还是选择卖。也就是说，不管卖方的商品是好是差，卖都是他唯一的合理选择。而卖方的这种均衡策略又与买方的判断 $p(g\mid s)=p_g$和 $p(b\mid s)=p_b$相符合，因此前述策略组合和判断满足完美贝叶斯均衡的要求 1～3。由于在上述均衡策略下该博弈不存在不在均衡路径上需要判断的信息集，因此要求 4 自动满足。这就证明了前述策略组合及判断是一个贝叶斯均衡。

根据分类方法，上述均衡属于市场部分成功的均衡类型，也是合并均衡，卖方的行为完全不能传递商品质量的信息。在这样的市场中，虽然在大多数情况下商品是好的，买卖双方能享受到贸易的利益，但也有少数时候买方上当受骗，蒙受损失。

注意单一价格二手电器交易模型中存在上述纯策略完美贝叶斯均衡的两个关键条件：$P>C$ 和 $p_g(V-P)+p_b(W-P)>0$。第一个条件使得拥有差的电器的卖方有出售的意愿，而第二个条件使得买方在信息不如卖方的情况下有勇气购买。这两个条件使得信息不完美的市场得以运作，虽然有时也会有些问题，但总的来说或平均起来还是有效率的。并且，它们也使我们明白了在遇到运作不灵的市场时，可以从哪里入手去创造条件促使市场有效运作，并提高其效率。

2）市场完全成功的分开均衡

接着我们将上述均衡的条件进行一些小小的修改，设 $P<C$，也即将质量差的商品伪装成好的很费钱，则该博弈的完美贝叶斯均衡就会发生很大的变化。因为当 $P<C$ 时，若质量差，则卖方即使费力费钱卖掉了商品也仍然要亏损，想卖而卖不出去更是要净亏伪装成本 C，因此他的唯一选择是不卖。假设其他条件都没有变，则质量好的卖方仍会选择卖。这样，下列策略组合和判断就构成了一个完美贝叶斯均衡，而且是一个市场完全成功的分开均衡：

（1）卖方在质量好时选择卖，质量差时选择不卖；

（2）买方选择买，只要卖方卖；

（3）买方的判断为 $p(g|s)=1$，$p(b|s)=0$。

注意，在此我们利用了买方还是有完全信息的事实，即买方对卖方伪装质量差的电器所需要的费用等信息都是了解的，因此了解不同质量卖方的行为方式，知道如果卖方选择卖时质量必定是好的，选择不卖意味着质量不好。这样卖方的行为就会给买方提供足以进行准确决策的信息，即判断 $p(g|s)=1$ 和 $p(b|s)=0$。

有了上述判断以后，我们可利用逆推归纳法来论证上述策略组合和判断是完美贝叶斯均衡的结论。买方在轮到自己选择时，选买的期望得益为 $1\times(V-P)+0\times(W-P)=V-P>0$，而选不买的得益为 0，因此买是他的唯一选择。现在再推回到卖方的选择。给定买方的策略，如果电器状况好，则卖方选卖的得益为 $P>0$，选不卖得益为 0，该选卖；如果电器状况差，则卖方选卖得益为 $P-C<0$，选不卖得益为 0，该选不卖。因此卖方的策略是在好、差两种质量情况下分别选择卖和不卖。因此，双方的上述策略都满足序列理性的要求。此时我们不难看出买方在均衡路径上信息集的判断符合双方的均衡策略和贝叶斯法则，该均衡策略组合下也不存在不在均衡路径上需要判断的信息集，这就证明了上述策略组合和判断是完美贝叶斯均衡。根据市场类型的分类方法，不难看出这是一个市场完全成功类型的分开均衡，也是一个纯策略完美贝叶斯均衡。

3）市场完全失败的合并均衡

上述两种均衡中的判断都是根据得益，进一步讲是根据与得益有关的数据（C 和 P 等）得到的。实际上，在许多情况下关于哪个节点会以何种概率达到的判断，并不能总从得益情况中直接得到，而很可能需要买方根据以往的经验或其他信息、资料归纳推算出来。如果出现最悲观的情况，即买方根据以往的经验，判断当卖方选择卖时一定是质量差的，即 $p(g|s)=0$，$p(b|s)=1$，则下列策略组合和该判断一起构成一个最不理想的市场完全失败类型的完美贝叶斯均衡：

(1) 卖方选择不卖；

(2) 买方选择不买；

(3) $p(g \mid s)=0$，$p(b \mid s)=1$。

实际上，该策略组合无法达到买方的信息集。因此，买方不是在均衡路径上的信息集处做出的判断，显然它符合双方的均衡策略和贝叶斯法则，因此满足完美贝叶斯均衡的要求 4。实际上这个判断可以这样理解：如果卖方由于失误决定卖出，那么该电器一定是差的。在这样悲观的判断下，市场完全失败当然不足为奇。

如果在这个判断下我们要验证上述策略组合构成完美贝叶斯均衡，则同样先看买方选买的期望得益 $0\times(V-P)+1\times(W-P)=W-P<0$，因此买方只有选择得益为 0 的不买。而给定买方不买，则卖方选卖对应电器状况好、差分别得益 0、$-C$，都不比不卖好，因此不卖是他的明智选择。这说明上述策略组合和判断满足序列理性要求，而且判断已经满足完美贝叶斯均衡的要求 4，因此它们构成一个市场完全失败类型的完美贝叶斯均衡，这也是一个合并均衡。这同样也是一个纯策略完美贝叶斯均衡。

2. 模型的混合策略完美贝叶斯均衡

1) 市场接近失败的条件

前面的分析包括了四种市场类型中的三种，尚未包括的是市场接近失败的均衡市场类型。

根据市场接近失败类型均衡的根本特征，这种市场类型的完美贝叶斯均衡必须满足两个条件：一是 $P>C$，即价格大于质量差的电器的伪装费用，因为这样有质量差的电器的卖方才会有卖的愿望；二是 $p(g \mid s)(V-P)+p(b \mid s)(W-P)<0$，即如果买方买下所有卖方出售的电器，他的期望得益小于 0，也即损失的风险大于得益的机会。在这种情况下，如果双方的策略都限于纯策略，则买方只能选择不买，从而卖方也只好选择不卖，市场完全失败。要避免这样的结果，实现贸易的利益，只有混合策略才能提供出路。

所谓混合策略即质量差的卖方以一定的概率随机选择卖还是不卖，好电器的卖方选择卖，而买方也以一定的概率随机选择买还是不买。如果它是一个均衡，则正是前面所说的市场接近失败类型的均衡。

2) 市场接近失败的混合策略均衡

为了使讨论比较简便，我们用一个数值例子来说明。设 $V=3000$，$W=0$，$P=2000$，$C=1000$，并且设总体电器质量好差的概率满足 $p_g=p_b=0.5$。这样，首先 $P=2000>C=1000$，因此质量差的卖主有卖的愿望。其次，当买方不管质量好差全买，从而卖方肯定会选择卖时，买方的期望得益为 $p_g(V-P)+p_b(W-P)=0.5\times1000+0.5\times(-2000)=-500<0$，因此，买方不顾好坏全

部买进不是好的策略，如果限于纯策略，结果必然是市场完全失败，这说明该博弈符合上述构成市场接近失败类型均衡的两个基本条件。

如果我们允许博弈方使用混合策略，该博弈就有可能避免市场完全失败的结果。实际上，下述策略组合和判断就构成一个市场接近失败，而不是市场完全失败的完美贝叶斯均衡：

(1) 卖方在质量好时选卖，质量差时以 0.5 的概率随机选择卖或不卖；

(2) 买方以 0.5 的概率随机选择买或不买；

(3) 买方的判断为 $p(g|s)=2/3$，$p(b|s)=1/3$。

首先检查一下买方的判断符合不符合卖方的策略和贝叶斯法则。我们前面已设 $p_g=p_b=0.5$，根据卖方的策略可知 $p(s|g)=1$，$p(s|b)=0.5$。因此根据贝叶斯法则，卖方选择卖的情况下质量好的条件的概率为

$$p(g|s)=\frac{p_g p(s|g)}{p_g p(s|g)+p_b p(s|b)}=\frac{0.5\times 1}{0.5\times 1+0.5\times 0.5}=\frac{0.5}{0.75}=\frac{2}{3}$$

这与买方的判断完全一致。

其次我们再来看双方的策略是否是序列理性的。给定卖方的策略和自己的判断，买方选择买的期望得益为

$$p(g|s)(V-P)+p(b|s)(W-P)=2/3\times 1000+1/3\times(-2000)=0$$

与选不买的得益相同，因此买方的混合策略通过了序列理性要求的检验。

再次看质量好的卖方的选择。在买方以 0.5 的概率随机选择买和不买的策略下，质量好的卖方选择卖的期望得益为 $0.5\times 2000+0.5\times 0=1000>0$，比不卖的期望得益大得多，当然卖是他的唯一选择。

最后分析质量差的卖方的选择。在买方的策略下，质量差的卖方整修伪装一下以后卖他的旧电器的期望得益为 $0.5\times 1000+0.5\times(-1000)=0$，与选择不卖的得益是相同的，因此他的混合策略也通过了序列理性的检验。

根据以上分析可以得出结论，双方的上述混合策略组合和买方的相应判断构成了一个完美贝叶斯均衡。根据市场均衡类型的分类法，这是一种市场接近失败类型的均衡。这种均衡当然不是很理想的市场状况，因为质量差的卖方和所有买方参与市场的平均结果是不盈也不亏，质量好的卖方则只有一半机会能卖掉他的旧电器。在所有四种市场类型中，只有市场完全失败是比这种均衡更差的。

归纳以上分析，我们可以得出一个完整的分析结论，如图 5-7 所示。

用横轴表示从供给方面反映市场根本特征的伪装费用 C，用纵轴表示从需求方面决定市场特征的当不同卖方都选择卖和买方选择买时的期望得益 $p_g(V-P)+p_b(W-P)$。我们在 $C=P$ 处画一条虚线，在右边 $C>P$ 的整个区域里，都属于可以实现市场完全成功均衡的。在参数满足落在该区域的要求时，只要有交易利益存在，只有质量好的旧电器才会出售。买方可以放

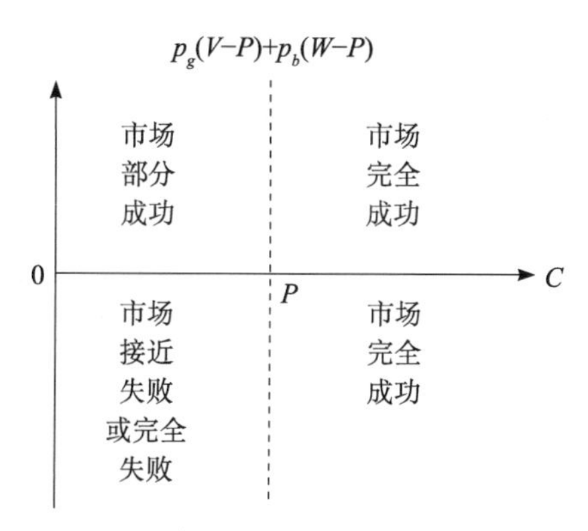

图 5-7　单一价格二手电器交易的解

心买下全部出售的电器；在区域左上方，满足参数 $P>C$ 且 p_g（$V-P$）+ p_h（$W-P$）>0 时，可实现市场部分成功均衡。此时不管质量好差都在出售并被买走；在左下方区域，$P>C$，但 $P>C$ 且 p_g（$V-P$）+ $p_b(W-P)$ <0 时，可以通过混合策略实现一个市场接近失败的均衡，如不采取混合策略则只能实现市场完全失败的最差的均衡。

只要给模型中博弈方、博弈内容或数值以新的意义或做一些修改，上述模型及相关分析就能用于讨论多种具有类似特征的产品再利用的不完美信息市场。

对单一价格二手电器交易模型的上述分析，能够为我们研究存在或可能存在假冒伪劣问题的再利用产品交易市场的秩序和效率，找到促进市场健康有序发展的有效政策措施等，提供不少有益的启示。

三 双价二手电器交易模型

上面讨论了单一价格二手电器交易博弈。这种模型的特征是价格是固定的，因此买方无法从商品的价格方面得到任何信息。其实现实中更多的市场都不是单一价格的，而是有多种不同的价格，卖方常常根据商品的质量和市场情况等确定或改变价格，因此商品价格的不同和变化，往往也能透露一些商品质量方面的信息，买方可以据此进行判断和决策。下面讨论一种有高、低两种价格的二手电器交易博弈模型。

1. 双价二手电器交易博弈模型

仍然假设质量有好、差两种情况，只是现在卖方的选择已不再只是卖或不卖，而是卖高价还是卖低价。设卖方不仅在质量差时选择卖高价或低价，在质量好时也可选择卖高价或低价。用 P_h 和 P_l 分别表示高价和低价。再假设只有质量差而卖方又想卖高价时才需要对旧电器进行伪装，费用为 C。其他方面假设与单一价格模型相同。这个双价二手电器模型可用图 5-8 表示。其中 8 个终端得益数组的第一个数字为卖方得益，第二个数字为买方得益，根据模型意义，首先可以肯定 $V>W$ 和 $P_h>P_l$。

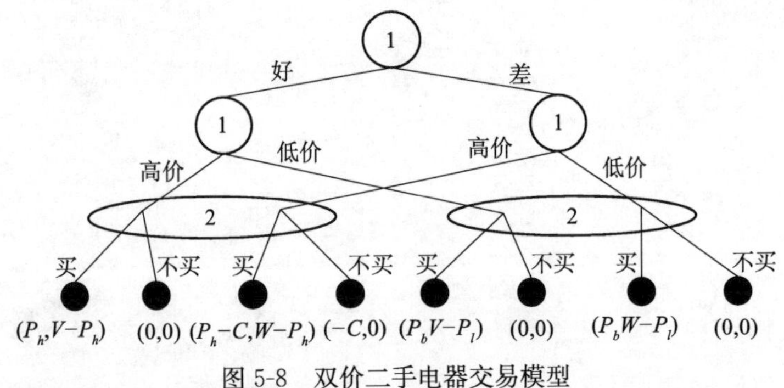

图 5-8　双价二手电器交易模型

为简化分析，进一步假设 $V-P_h>W-P_l>0>W-P_h$。它们意味着用高价买好电器比用低价买差电器要合算，而用低价买差电器还不至于亏本，但如果用高价买到差电器则要吃亏，基本上是符合实际的。

由于卖方在质量好、差时都有选择高、低两种价格的可能性，因此买方并不能简单地根据价格的高低判断质量的好差。值得注意的是，在该双价模型中，如果伪装成本 C 接近于 0，即卖方在质量差时几乎不用花费多少代价，就能冒充好电器而不会被买方发现，则所有卖方都会要高价，因为要低价相对于要高价是绝对的下策。这与单一价格模型中伪装成本 C 等于 0 时所有卖方都会选择卖是一样的道理。因此，如果我们想让价格透露至少部分电器质量方面的信息，必须假设伪装成本 C 是不等于 0 的。这也意味着卖方必须有一定的鉴别力，不是很容易上当受骗。

2. 双价二手电器交易博弈模型的均衡

首先证明当 $C>P_l-P_h$ 时，该博弈会实现最理想的市场完全成功的完美贝叶斯均衡。其中价格能完全反映电器状况的好差，好电器的卖方会要高价，差电器的卖方会自觉要低价，而买方则肯定买下卖方出售的电器。该完美贝叶斯均衡的双方策略组合和相应的判断如下：

（1）卖方在质量好时要高价，质量差时要低价；

（2）买方买下卖方出售的电器；

（3）买方的判断是 $p(g|h)=1$，$p(b|h)=0$，$p(g|l)=0$，$p(b|l)=1$。

其中四个条件概率依次为卖方要高价时质量好、要高价时质量差、要低价时质量好、要低价时质量差的条件概率。

我们用逆推法来论证上述策略组合和判断确实构成完美贝叶斯均衡。先分析买方的选择，对买方来说，给定自己的上述判断，如果卖方要的是高价，则选买的期望得益为 $p(g|h)(V-P_h)+p(b|h)(W-P_h)=V-P_h>0$；如果卖方要的是低价，则选买的期望得益为 $p(g|l)(V-P_l)+p(b|l)(W-P_l)=V-P_l>0$。

两种情况下选不买的得益都是0，因此对买方来说买是相对于不买的绝对上策。

接着看卖方的选择，给定卖方的判断和策略，当质量好时，因为 $P_h>P_l$，当然要高价；当质量差时，由于 $P_l>0>P_h-C$，因此要低价才是合理的。

我们分析买方的判断，当卖方采取上述策略时，买方的判断显然是完全合理的。这样上述策略组合和判断就通过了完美贝叶斯均衡的各个要求的检验，因此是一个完美贝叶斯均衡。事实上这也是在前述假设下本博弈唯一的完美贝叶斯均衡。此外，根据市场和均衡类型的分类方法，这个完美贝叶斯均衡又是一个市场完全成功的分开均衡，属于市场均衡中最有效率的一种。

不幸的是，上述理想的市场均衡并不非常普遍，因为在其他情况下，特别是伪装成本 C 的水平比较不利的情况下，常常会导致较差的市场均衡情况，包括市场完全失败。

一种极端的例子是伪装成本 $C=0$，以次充好完全不需要成本的情况下，只有傻瓜才会卖低价，高价已完全不证明质量的好差，如果这时再满足 $p_g(V-P_h)+p_b(W-P_h)<0$,即买方选买的期望得益小于0，则买方的必然选择是不买。这时卖方当然就卖不出去。这样的市场实际上就完全瘫痪了，卖方最后只好全部退出市场，即使是质量好的商品，也不再有人相信和购买。这种情况即乔治·阿克洛夫在讨论柠檬市场交易问题时提出的“柠檬原理”。

不完美信息对市场的破坏作用使得市场上最后只剩下价值和生产成本最低的劣质产品，此时，除非消费者愿意消费低价劣质品，否则市场将完全崩溃。这种由于消费者的信息不完美，不能识别商品质量，因而不愿付高价购买商品，最终引起优质品逐渐被劣质品赶出市场的过程，称为“逆向选择”。

根据对两种模型的分析可以看出，在信息不完美的市场中，买卖双方利益和代价的不同情况会导致不同性质、不同效率的市场均衡，其中只有市场完全成功是理想和有效率的，其他几种均衡则都不理想。部分成功或接近失败的均衡意味着必然有部分倒霉的买方要上当受骗，或还有部分优质二手商品销不出去，同时也意味着资源被用于搞假冒伪劣活动或防伪、打假或法律诉讼等，这些都不利于社会经济总体效率的提高和经济发展，即使部分人能够获得的利益也是以其他人的损失为代价的，不仅对社会总体福利没有贡献，而且还有社会道德方面的不良副作用。市场完全失败类型的均衡更是会使二手市场完全瘫痪，从而严重影响经济效益和经济发展。减少出现上述三种低效率的均衡，防止“柠檬原理”和“逆向选择”效应的产生，对进一步提高社会经济效率和社会福利、促进社会道德规范和社会风气的改善等都有重要的意义，符合包括消费者和诚实经营的厂商在内的全社会的根本利益。

实现上述目标的方法有很多。能够从根本上解决这个问题的有效方法是消除信息的不完美性。具体就是消费者要对想购买的商品做更多调查，了解其相关知识和生产过程，从而提高识别产品优劣真伪的能力。这也可理解为提高假冒伪劣二手产品伪装成本 C 的方法，因为当消费者的识别能力较强时，欺骗他们的难度就更大，做到让消费者无法识别需要的伪装成本必然更高。但是信息搜集和获得识别检验商品的知识与能力并不是一件容易的事情，即使人们通过学习能做到这一点，也往往意味着必须花费大量时间、精力和金钱，这就是获得信息的成本，相对于交易二手商品的价值来说这种成本常常是非常高的。因此，即使上述消除信息不完美性的方法确实能从根本上解决问题，也并不一定有实用性。

从前面两个模型中我们看到实现较理想的市场均衡有两个关键性的条件。第一个是拥有劣质商品的卖方，如二手电器模型中电器状况差的卖方，将劣质商品伪装成优质商品的成本一定要存在而且较高。如果该成本高到超出商品的价格，则劣质商品卖方的欺骗行为将变得无利可图，从而会自动放弃以次充好的打算，将其劣质商品撤出市场或老老实实卖与商品价值相符的低价，市场自然会实现最理想的完全成功类型的均衡。如果第一个条件无法满足，则如果能满足第二个条件，即买方买商品的消费者剩余平均来说大于上当受骗蒙受的损失，也即总的来说劣质品在市场上比例不是很大，而且万一买到劣质品损失也不至于太惨重，那么市场还能实现部分成功类型的均衡，因为这个时候平均来说消费者不会因噎废食，仍然会积极参与市场。其实第二个条件与第一个条件有密切的关系，因为当劣质品的伪装成本很低的时候，销售伪劣商品的卖方能获得比销售优质商品的卖方更多的利润，从而市场上优质商品的比例肯定较低，第二个条件就很难满足。因此，上述两个条件中的第一个条件，也就是劣质商品的伪装成本 C 与价格的相对大小是决定市场类型最关键的因素。如果我们假设优质品的价格不可能降低，那么提高伪装成本 C 就是改善均衡类型的唯一手段。

如果我们只是将伪装成本 C 理解为狭义的伪装成本，即卖方装饰包装劣质商品的费用，那么伪装成本 C 的大小主要受客观因素影响，我们就很难利用它来影响市场均衡的类型和改善经济效益，因为我们只有买方提高识别能力这一种局限性很大的影响伪装成本 C 的手段。但是，如果把这个伪装成本作广义的理解，理解为卖方全部的代价，既包括交易之前的清洁、整修等包装费用，也包括事后被追究责任或索赔等要付出的代价，我们就掌握了调控伪装成本 C 的更多有效手段。例如，法律上可以加大对假冒伪劣行为的惩罚力度，从而提高伪装成本 C 的水平；也可以通过诚实经营的厂商向消费者提供各种质量承诺，实行包退、包换、包赔等制度实现同样的目的。

加大对假冒伪劣行为的惩罚力度，意味着搞假冒伪劣的厂商一旦被查获要付出更大的代价，伪装成本C的平均水平就会提高，从而改善市场均衡的类型和提高市场效率。改善市场秩序、提高经济效益和保护消费者利益既符合全社会的利益，也是国家政府的责任，因此国家和政府应该有采取这方面措施的愿望和义务。

不过，根据“激励的悖论”——长期中能真正抑制偷窃的是加强对失职守卫的处罚而不是对小偷的处罚，如果政府管理部门有松懈失职的可能性，那么加大对搞假冒伪劣厂商的惩罚力度只是在短期对抑制假冒伪劣有所作用，长期不一定有效果，长期效果必须依靠加强对有关管理部门的监督和失职行为的查处来保证。

诚实经营的厂商也是假冒伪劣厂商的主要受害者，因为假冒伪劣行为把市场搞垮，造成的“柠檬原理”和逆向选择效应，常常会给诚实经营厂商带来很大的损害，因此诚实经营的厂商对于抑制假冒伪劣行为也有很迫切的愿望和很大的积极性。诚实经营的厂商没有查处欺诈者的权利，也没有处罚政府管理部门的权利，因此只能通过其他途径起作用，主要手段是为消费者提供各种形式的质量承诺，包括对自己销售的商品实行包退、包换、包赔制度，承诺双倍赔偿甚至“假一罚十”等。这些质量承诺不是信口开河，一旦销售的商品质量出现问题，卖方必须付出昂贵的代价，因此可称它们为“昂贵的承诺”。

综上所述，加强政府对再利用产品交易市场的监督管理，加强对有关管理部门的监督和失职行为的查处，通过诚实经营的厂商提供“昂贵的承诺”等措施，可以逐渐规范信息不对称的再利用产品交易市场，使消费者能够买到货真价实的商品，也可以促进再利用产品交易市场的繁荣发展，切合循环经济、节约资源的主旋律。

第六章 基于产品循环再利用的资源节约型生产与消费模式

第一节 资源节约型生产与消费

一 资源节约型社会的内涵

在中国经济社会发展进入新的历史阶段之时，中共中央明确提出了建设节约型社会，就是要在社会生产、建设、流通、消费的各个领域，在经济和社会发展的各个方面，切实保护和合理利用各种资源，提高资源利用效率，以尽可能少的资源消耗获得最大的经济效益和社会效益。这是关系到我国经济社会发展和中华民族兴衰、具有全局性和战略性的重大决策。

资源节约型社会建设的主要内容包括：首先是资源节约的主体，有资源节约型政府、资源节约型社会团体、资源节约型军队、资源节约型企业、资源节约型事业单位、资源节约型家庭等。其中，资源节约型企业是指既追求企业生产成本节约又兼顾企业生产的社会成本节约，既考虑企业自身效益又兼顾社会效益、生态效益，既考虑当前利益又兼顾长远利益，能使企业自身效益与社会效益之和达到最大值，使企业生产成本和社会因企业生产而必须支付的社会成本之和达到最小值的企业。

其次是要建立资源节约型制度。资源节约型制度是约束人们浪费资源，规范人们合理使用资源的经济制度、政治制度、法律制度，以及有关道德规范等相互联系、互为补充的各种制度的总称。

再次包括资源节约型体制。资源节约型体制是资源节约型制度的实现形式和组织方式，包括资源节约型经济体制、政治体制、法律体制等。

二 资源节约型生产与消费模式的特征

要建设资源节约型社会，一是要形成节约型的生产方式，要形成一整套节约能源资源的规划，采用当代最先进的节能、节水技术，着力抓好重点领域、重点行业、重点企业的节能降耗工作；二是要大力倡导节约型的消费方式，推广使用再生纸，节水、节电技术和产品，形成厉行节约的社会风尚；三是要形成一套科学的政策法规体系，通过政府采购、税收优惠等鼓励性政策，推广应用节约能源资源的技术和产品；四是要形成技术支撑体系，依靠科技，依靠创新，推动节约能源资源工作；五是要形成一个全社会参与的良好氛围，通过广泛的社会宣传，让节约能源资源意识深入人心，使节约能源资源成为全社会的自觉行动。

因此对于资源节约建设的研究主要分为两个方面，一是在生产领域，二是在消费领域。相对于传统的生产与消费模式，资源节约型的生产模式已经由原来的粗放式的资源依赖型向可持续资源效益型转变，而消费模式也在向绿色、健康的消费模式过渡。

传统的生产与消费模式认为经济增长与技术进步便是发展，而只要技术能够不断进步，经济就会快速增长。其过分地关注了发展的速度与经济的增长，忽略了资源的合理利用与适度开发，忽视了环境保护，造成了很多无法挽回的后果。而当前提出的资源节约型生产与消费模式的构建正是要抛弃之前的以消费为手段、生产无节制的不协调发展模式，在循环经济的指导思想下，可持续地进行生产与消费，在保证社会与经济可持续发展的前提条件下，强化资源节约理念，保证自然资源与社会环境的同步发展。

1. 要倡导文明消费、适度消费的理念，培育健康的消费文化

首先我们应当深入持久地提倡新的消费理念，增强公众的资源节约意识，规范大家的消费行为。在消费过程中，将资源和生态的边界作为消费的上限，时刻关注生态环境的承载能力，增加普通消费品、耐用品、可回收产品的使用数量，提高商品的使用频率和使用范围，尽可能减少对奢侈品、资源消耗品的使用，如对一次性筷子的使用。时刻谨记我们在消费活动中要维护自然、维护人与社会的和谐发展的责任，改正以往的“用过即扔”的不良消费习惯。

2. 发展生态产业，依托绿色技术，开展绿色营销，绿色回收

资源节约型消费模式的构建离不开生态技术的发展，因此必须建立在科学技术进步的基础之上。对于生产企业而言，必须改进传统的生产方式，做好产品的生态化设计，采用绿色环保材料，构建绿色回收渠道，采用绿色包装材料，提高产品的可回收程度，最大限度地减少“三废”的排放量，增强企业的社会责任意识，加快生产观的转型，增强用户对可回收产品的信心，进而促进生产的发展。

随着可持续发展理念的逐步深入人心，企业受到社会责任、资源日渐匮乏等社会压力的影响，对资源的循环再利用逐渐被人们广泛认可。实现资源的循环再利用属于循环经济的范畴，同时资源节约型社会建设、构建资源节约型的生产与消费模式又离不开产品的循环再利用。因此对于生产环节来说，我们主

要研究产品在失去使用价值后便被顾客随意丢弃时如何能够得到循环再利用，或者以很低廉的价格被收回。

通过研究我们发现，在产品的流通过程中，由于流通环节中呈现出产品单向流动的特征，因此在执行中会存在很多问题。例如：

(1) 资源利用无法最大化。据调查，我国再利用产品级的回收总量不足1/5，其中包装物未回收率占到15%～20%，最终导致大量资源流失，环境压力过大。

(2) 成本约束问题。产品级回收后的收益＝原产品回收后价值－回收成本费用－回收处理成本。在这个等式中，对于再利用产品的原值界定较为困难，需要专家评定，增加了成本；管理不够规范及一些技术因素造成回收成本费用及处理成本偏高，在一定程度上打击了再利用产品经营企业的积极性。

(3) 回收渠道混乱。目前我国的回收方式主要以废品收购站为主，二手商品交易市场为辅，但是由于供应商与用户之间信息不对称，回收单位与用户都信心不足，因此规模一直未扩大。当用户停用产品时，可能无法找到合适的回收方式从而便将产品闲置或随意丢弃。

第二节　基于产品循环再利用的资源节约型生产模式研究

一　资源节约型生产模式的影响因素分析

资源节约型的生产模式是一种新兴的生产模式，它与传统的高开采、高消耗、高排放、低利用的生产模式有着本质的区别。其生产制造的产品也打破了原来以“原材料制造业→产品→消费者→丢弃”单向流动为基本特征的流通模式，提出“原材料制造业→产品→消费者→回收再利用”的流通模式，使资源得到更高质量、更充分的利用。生产企业在这个过程中起了主导作用，它既是产品循环再利用的技术支持者，同时又是产品循环再利用的受益者。无论生产企业作为制造者还是使用者，其生产与消费的目的都是将经济活动对环境的影响降到尽可能小的程度，是符合可持续发展原则的。

更重要的是，资源节约型生产模式的构建是实现资源节约型消费模式的基础，只有生产企业进行适时的生产观转型，才能在产品的每一个流通环节实现废弃物最少，污染程度最小，从而促进消费模式的资源节约化转型。目前我国基于产品循环再利用的资源节约型生产模式一直发展较为缓慢，适用的范围较为狭窄，也无法规模化，因此我们针对某一生产企业通过SWOT分析法对其原因做出了分析。北京某环保技术有限公司，借鉴国内外先进技术，在国内著名塑料改性专家的指导下，对托盘工具进行研究改进，研制出高性能、易消毒、可回收循环使用的塑木托盘，并通过了国家包装科研测试中心的质量认证，但是由于传统不可回收利用的托盘价格相对较低，以及北美国家的先进技术与之竞争，发展速度相对缓慢。我们以此企业为例，进行如下 SWOT 分析。

SWOT 分析法是一种综合考虑企业内部条件和外部环境的各种因素而进行选择的方法。S 指的是企业内部优势（strength），W 指的是企业的内部劣势（weakness），O 指的是外部环境的机会（opportunity），T 指的是外部环境的威胁（threat）。我们通过 SWOT 分析法来分析影响企业进行产品循环再利用的因素。通过表 6-1 我们发现，从企业内部来讲，技术及经济因素影响较大；从外部环境来讲，宏观环境中的进行循环再利用的企业形不成规模，政府扶持力度不均匀以及监督不到位，在很大程度上挫伤了生产企业的积极性。具体分析如表 6-1。

表 6-1　生产企业产品循环再利用 SWOT 分析

企业内部环境 \ 企业外部环境	内部优势（S） 1. 生产能力强 2. 对新事物、新技术适应能力强 3. 现有产品在市场中竞争能力强	内部劣势（W） 1. 再利用产品导致成本上升 2. 逆向供应链管理能力薄弱
外部机会（O） 1. 社会环境保护意识日渐增强 2. 同类型企业数量少，竞争不激烈等	SO 战略 1. 正确引导市场需求 2. 利用现有技术开发新产品 3. 做大市场，提高竞争能力	WO 战略 1. 加强管理制度，引进新的管理经验 2. 控制成本，寻找合作方
外部威胁（T） 1. 市场需求不明朗 2. 市场中产品等级参差不齐，消费者信心不足 3. 政府支持力度不够等	ST 战略 1. 进行适度推广，刺激市场需求 2. 赢得政府支持	WT 战略 1. 加快新技术研发速度 2. 进行合理定价，有效管理逆向供应链

1. 经济因素

尽管从长期看来，实施基于产品循环再利用的生产模式是符合资源节约型建设要求的，同时也是符合循环经济发展方向的，但是在实现过程中需要投入大量的资金和人力，如回收渠道的规划、收购废弃物的资金、技术设备使用、环境保护费用等花费都是巨大的。因此，我们将影响生产企业进行产品循环再利用的经济影响因素分为两个方面来进行阐述。

首先是成本因素。在市场经济条件下，生产企业始终以经济利益最大化作为决策依据，它会对各种经济活动中产生的经济成本和经济收益进行衡量，由于目前生产企业进行产品循环再利用后所产生的生态社会效益并不能直接转化为经济效益，升值可能要经过十年或更长的时间才能显现出来，因此，生产企业选择放弃再利用产品，而不断重复着“原材料→生产→报废”的活动。

其次是价格障碍。在我国，由于购置新原料与购置再生资源的价格机制不同，一方面，购置新原料、新资源价格相对偏低，同时加工制造成本也偏低；另一方面，生产企业回收各种废旧产品和废弃物的成本偏高，且在性能上也不占优势，构成了推进生产企业进行产品循环再利用的障碍。

2. 环境因素

一个企业周围的环境因素，包括一个国家的经济前景、政策导向、市场需求等情况。例如，生产企业利用传统生产模式进行产品制造，会对生态环境造成严重影响，但由于环境污染及破坏所产生的负外部成本，并不会折合成企业自身的生产成本去扣除收益，所以企业不愿开展循环经济，造成这一结果的原因包括市场需求不充分及政府监管不到位等。此外，政府激励机制的不健全，也导致企业进行产品循环再利用积极性不高。

3. 组织因素

组织因素即生产企业自身的因素，诸如企业的目标、政策、计划、组织机构、系统等，这些因素会对企业是否进行产品级的再利用产生正向或负向影响。例如，企业设置经营目标，以利润最大化为目标，同时以此目标作为组织机构中各部门的绩效考核目标，各部门为了取得较好业绩，纷纷采取措施，如生产制造部门过分关注短期利益选择直接制造，不注重回收再利用，从而忽略了长远发展。反之，企业设置综合考量指标，将环境污染成本纳入其中，从长远利益出发，便会收到另一番效果。

4. 技术因素

生产企业的技术创新可谓发展产品循环再利用的关键因素，在循环经济模式下，要求废弃物回收再利用和资源利用效率的提高实际上是建立在先进的生产技术基础上的，生产制造技术的高效率是循环制造的有力保障。而目前，我国进行产品循环再利用的企业数量不算少，但是规模都不是很大，甚至有些企业还在滥竽充数，破坏市场规则，影响消费者信心。这在很大程度上是由技术不成熟、消费者及产品专家信息获取不对称造成的。因此，在加快生产企业技术创新的步伐的同时，提高资源的利用率，减少对生态环境造成的破坏势在必行。

二 资源节约型生产模式的实现途径

产品循环再利用包括直接再利用和间接再利用。在不改变原有用途、功能的前提下进行再利用称为直接再利用，若将产品更换用途或需进行加工改造或更换用户则称为间接再利用。

对于企业来说要实现资源节约型生产，除了要在生产理念上进行转型，还必须要克服以上经济方面、环境方面、组织管理方面的制约，尤其是技术上。对于生产企业要构建产品循环再利用的生产模式，无论是零部件级低的重用还是产品级的重用，都必须要保证技术的绿色性标准。

1. 产品包装实现绿色性标准

首先，再利用产品的设计要求对再利用产品在进行重新设计、包装时要进行绿色设计。研究表明，产品性能的70%～80%由设计阶段决定，即在产品新的生命周期伊始我们就要进行绿色设计，在考虑功能、质量、开发周期和成本的同时，优化设计因素，将对环境影响和资源总耗的总体影响降到最低。与此同时，我们可将循环经济中的“3R”原则（减量化、再利用、再循环）直接引入产品的再设计阶段，始终贯彻“资源—产品—回收—再制造—再使用产品”的路径，坚持“预防为主，治理为辅”的核心思想。

2. 产品加工工艺实现绿色性标准

再利用产品加工工艺技术，即要求生产企业在产品循环再利用过程中利用绿色工艺技术，使物料及能源消耗最小化，废弃物最小化，污染最小化。同时，要求利用绿色使用技术。对循环再利用产品的绿色使用主要表现在两个方面。一方面是面向节省能源的设计，例如，飞利浦公司研制的开关电源多芯片电源模块，可使许多电源在转入闲置待机方式时功耗大减。另一方面就是延长再利用产品的生命周期。在原产品生命周期结束后，产品经过重新设计制造后又开始了一段新的生命周期，因此要注重再利用产品的可维护性，实行面向可维护性的设计。

3. 回收设计及拆卸设计实现绿色性标准

回收是产品再利用必经的一个环节，它会贯穿产品整个生命周期，它不但涉及产品的制造者，同时还会涉及经济、立法、公共意识等多环节，因此，面向回收的绿色设计正逐渐引起用户的高度重视。例如，德国奔驰汽车公司在汽车的整个生命周期都体现了回收再利用的思想，从设计之初，就注重汽车的可回收性，对在汽车的生产、使用过程中产生的废弃物、废能、废气、废液等做到全部回收，到汽车报废时，汽车车身可被拆解、回收再利用。此外，当产品降维再利用、更换用户时，可能会涉及零部件的拆卸，拆卸过程要遵循非破坏性原则，即保证不对目标零部件造成破坏，以免增加再利用的维护成本。

总之，绿色性作为判别产品是否重用的重要标准，要体现在产品再利用的产品策略的全过程。对企业来说，绿色性、环保性可以提升企业形象，赢得竞争优势；对普通用户来说，有利于辨别再利用产品，增强环保意识；对国家来说，有利于可持续发展。总之，产品循环再利用的绿色标准可谓利国利民。

第三节　基于产品循环再利用的资源节约型消费模式研究

一　资源节约型消费者需求特征分析

在资源节约型消费模式的构建中，消费者的主导作用是关键，我们应当针对消费者的需求做出认真的分析，进而提出相应的对策。在传统的消费模式中存在着过度消费、奢侈消费等现象，很多产品仍具有较高价值就被丢弃，给环境带来了很大压力，而产品的循环再利用恰恰解决了此问题，它旨在引导消费者能够减少废弃物的排放，或通过更换用户，使产品的生命周期得以延长，是符合循环经济原则的，同时也是构建资源节约型消费模式的必然选择。但是如何刺激消费者的需求，引导其进行产品循环再利用呢？下面就消费者的需求特点及其影响因素进行相应分析。

再利用产品消费者即普通用户，他们是产品循环再利用的直接使用者，因此能够提出最直接、最根本的需求，但他们通常不具备产品开发的相关专业知识，提出的需求往往是零散的、感性的。产品循环再利用设计必须以消费者需求为中心，可以说消费者与再利用产品是相互作用、相互影响的关系。相对于传统产品消费者来说，由于产品循环再利用的特殊性及其现实意义，产品循环再利用消费者具有一些新的特点：

（1）非专业性。一般的产品循环再利用消费者对于循环再利用缺乏专门的知识，尤其是对于某些技术性较强、操作复杂的产品缺乏专业了解，其了解产品特性的途径主要是通过网络、他人介绍或以往经验等，因而无法准确辨别产品的质量、性能，甚至无法提出准确的改进、设计意见。这就给产品循环再利用的重新设计、改进带来了很大的困难。同时，用户专业性知识的缺乏，也导致用户在选择再利用产品的过程中信心不足，从而影响再利用产品的推广。

（2）多样性。产品循环再利用消费者的需求，会受到多种因素的影响，进而影响其需求水平，如收入水平、生活环境、社会阶层、再利用产品属性及个人习惯等，这些因素均会影响用户购买经过维护的产品或更换用户，具体表现为不同消费者需求千差万别；同一消费者的需求也具有多元性。

（3）个性化。产品循环再利用的普通消费者具有个性化的特征。由于科技的进步，产品更换频繁，但重复程度也越来越明显。在21世纪的今天，追求个性化成为消费者群体的共性。例如，北京一对双博士学历夫妇到旧货市场购置2台旧式电冰箱，经过科学设计改装后，另作他用，将电冰箱改装成为新式橱柜，既时尚，同时又节能环保，受到很多人的赞赏。

（4）理性化。随着时代的进步，消费者文化素质的提高，人们的环境保护意识越来越强烈，越来越注重合理利用和使用资源，因此在消费决策中越来越倾向于理性化而非价格优先。例如，在超市购物中，越来越多的人开始自备购物袋或选择可分解的塑料袋购买使用，增强了环保意识。

（5）需求弹性。由于产品循环再利用与传统产品在购买性质上具有较大差异，消费者在选购此类型产品时，在数量、品级、式样等各方面会随其购买水平的变化而变化，随价格高低不同而发生转移。这反映了人们在收入和价格的作用下需求弹性的变化。在一般情况下，与传统产品相比，人们对可循环再利用产品的市场需求弹性小。但是，如果再利用产品能够实现较高效用，更好地替代新产品，加之适当的推广手段，消费者将会因为再利用产品的环保性和经济性而更乐于选择再利用产品。

二 资源节约型消费模式的影响因素分析

产品循环再利用消费者的行为会经历一个从引起需要、产生动机再到购买使用的过程。在这一过程中，有很多因素影响着用户的决策，这些影响因素主要包括社会环境因素、个人因素、心理因素、再利用产品属性因素等。

1. 社会环境因素

社会环境因素作为影响用户行为的重要因素，又可分为两大环境因素：科技环境因素和政治法律环境因素。由于产品循环再利用是将废旧产品经过重新设计、包装后投放市场或直接利用，据国外的销售经验，产品循环再利用在我国应具有大量潜在市场，但照目前来看，社会环境因素的影响尤为明显，具体表现如下。

（1）科技环境因素。随着科技的进步，新型的生产设备带来了更高的生产效率和更低的生产成本，新产品代替老产品，旧技术更新为新技术，产品更新速度越来越快，产品生命周期越来越短，例如，计算机技术的发展，使得我们现在所使用的计算机计算速度越来越快，这无疑会给产品循环再利用带来一定影响。在无法使原有用户继续使用该产品的情况下，我们只能为它寻求其他用户。

此外，随着我国企业技术创新能力的提升，产品更新换代的速度也加快了，新产品不断涌现，废弃旧产品投放市场的速度加快，但过多的企业致力于技术创新，致力于提供新产品，而放慢了产品循环再利用的步伐，使得经过重新设计改造的产品无法更好地满足用户工作、生活等方面的需求，因此，在选择再利用产品的过程中，很多消费者望而却步。

（2）政治法律环境因素。20 世纪 90 年代以后，随着环境革命和可持续发展战略成为世界潮流，我国开始形成将清洁生产、资源综合利用、生态设计和可持续消费等融为一体的循环经济战略思想，但是，政府在政策方面宏观调控手段欠缺，虽然已经出台了相关政策，但没有促进消费信心提升的条例，甚至有些政策起到了副作用。例如，“再利用产品不能一线销售”在很大程度上为消费者制造了购买障碍，挫伤了产品级再制造企业的信心，不利于产品循环再利用的大力推广（李伍荣和文启湘，2006）。

与此同时，法律环境还涉及国家的立法制度、法律法规的规范和约束。我国主要是以道德规范来进行治理，大部分依靠市场自治，严重影响产品质量，因此，我国应加快立法建设步伐，进一步规范回收渠道，促进再利用产品质量的提高。当前再利用产品回收渠道混乱，产品质量有待进一步提高。目前我国对于产品循环再利用尚未规定统一标准，生产商、中间商、再制造企业均可从事此类工作，但各工作方标准不同，从而造成再利用产品质量参差不齐，且回收渠道不透明，使消费者无法感受到质量是有保证的，在一定程度上影响了消费者的购买信心。

2. 个人因素

消费者对再利用产品的需求与消费者的多种特征密切相关，如个性、受教育程度、生活方式、价值观等。

（1）个性。个性是指一个人所特有的心理特征，是在先天生理素质的基础上，经由后天的社会环境的影响，通过其本身的实践活动逐步形成和发展起来的，是先天因素和后天因素共同作用的结果。它通过一个人的能力、性格、兴趣等表现出来，并影响用户需求，进而影响最终的行为。如图 6-1 所示。

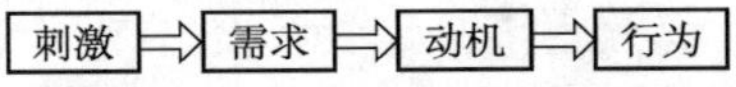

刺激 ⇒ 需求 ⇒ 动机 ⇒ 行为

图 6-1　购买行为基本模式

该模式充分说明消费者的需求必须要有一定的诱因予以刺激，才可能产生需求，当消费者产生购买动机后，由于个性因素的影响又会呈现出不同的购买行为特点。

（2）受教育程度。受教育程度不同的群体在价值观、审美观上有较大的差异。而受教育的程度又会直接影响到个人职业、所属社会阶层等，因此表现在产品需求上也会有所差异。通常，受教育程度高的产品循环再利用消费者会更加注意产品的功能、产品对环境造成的影响、产品的可持续使用性、产品的维护成本等，虽然受教育程度较高的人群对再利用产品的认可程度要高于其他人群，但是他们对于产品循环再利用的类型，以及产品循环再利用对其身份和社交的影响也比较看重。

（3）生活方式。一个人的生活方式是其内在个性特征的一种函数，它会影响需求行为的方方面面。这一因素是在个人成长过程中通过所受文化、亚文化、价值观、社会阶层、动机等的影响而形成的，是一种自我概念的外在表现。例如，当今社会“90后”的年轻人崇尚时尚、个性、奢华的生活，对新兴事物颇感兴趣，但同时又颇具社会正义感，自我意识较强。因此，可利用这些特性，宣传产品循环再利用的社会意义，用以吸引各类人群。如图6-2所示。

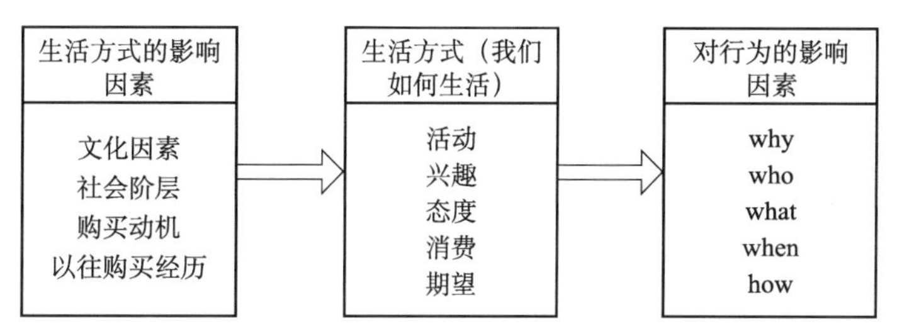

图6-2　生活方式对消费者需求的影响

由图6-2我们可以发现，由于人们的生活方式受到文化因素、社会阶层、购买动机及以往购买经历等因素的影响会呈现出不同的生活方式，如在活动、兴趣、态度、消费、期望等方面存在差异，进而产生了为什么要购买即购买原因、谁购买谁使用、购买对象、何时购买及通过什么渠道获得等影响购买行为的因素。

（4）价值观。价值观是人对某一事物所特有的长期、稳定的看法，会受到社会环境、教育水平、家庭环境等多种因素的影响。价值观代表深植于个人心理的一种信念，具有持续性，它指引个人行为。因此，我们可以借助对个人价值观的了解来预测个体所表现出来的行为，用以解释为何消费者在需求方面具有差异性。目前很多消费者已经树立了绿色环保的理念，在思想上和行动上开始支持绿色环保型产品，而产品循环再利用正好能够满足环境保护的要求，符合我国的可持续发展战略，大量节省能源和材料，具有明显的经济效益。因此，它满足了广大用户节能环保的要求，应大力提倡，正确引导。

总之，个人因素是影响普通用户进行产品循环再利用选择的直接影响因素。因此，我们应充分利用这些影响因素，来推动再利用产品需求的增长。

3. 心理因素

（1）动机。在任何时候，人都有很多需要，但有些需要是由生理因素引起的，而有些需要则是由心理需要引起的。如知觉、尊重和归属，当需要上升到足够的强度时，这种需要才会转化为动机，而动机具有多重性，即相同的动机可能产生不同的行为，以及动机冲突性。再利用产品经过重新设计、包装后具有了与一般产品同等的功能和效用，但因其无法满足消费者对同等社会地位、社交等的需求，使得产品循环再利用与一般产品利用相比，消费者购买动机相对薄弱。

（2）认知。由于产品循环再利用在全国范围内还未大量开展，尤其是针对一线用户，消费者无法真正接触再利用产品，并且由于社会宣传力度不够，获取信息渠道不畅或信息不对称，用户无法正确判定再利用产品的质量，从而对再利用产品购买造成一定障碍。

4. 再利用产品属性因素

（1）再利用产品质量。产品循环再利用延长了产品在市场中的寿命周期，增加了使用价值，减少了废弃物对环境的污染，但是在实践中，再利用用户对质量不了解，不具备专业知识，没有了解渠道，因此宁愿放弃诱人的低价，而去购买新产品；对于经营者来说，明知旧产品仍在危害人类健康，污染环境，却仍在销售，如二手摩托车、废旧彩电。因此有必要对质量进行科学判断，减少获取信息不对称为再利用产品的消费者带来的损失。

（2）销售渠道。渠道混乱，职责不清，用后维护困难。回收渠道管理混乱，造成了各企业职责不明；谁负责回收原料、谁负责售后服务、谁负责进行产品宣传等职责都没有严格规定，因此会出现工作重复，但当质量出现问题时，又会互相推卸责任。这就导致用户失去耐心，影响再利用产品的销售。

（3）再利用产品的价格。我国开展循环经济的企业数量并不在少数，但是都未形成一定的规模，因此无法产生规模经济，再加上再利用产品需求不明朗，导致再利用产品价格无法取得绝对优势，这也是影响消费者需求的一个主要因素。

总之，消费者作为产品循环再利用的需求出发点，起着链接市场与生产者的纽带作用，在构建以产品循环再利用为基础的资源节约型消费模式方面发挥着重要的作用。我们只有对其需求进行全面的分析和准确地掌握，才能满足我国当前的社会建设需求。

三 资源节约型消费需求分析

1. 资源节约型消费者的需求价值分析

消费者需求通过产品价值来体现，此处引用需求价值模型来对消费者需求进行分析。需求价值分析是由罗兰·贝格公司开发的新兴价值分析工具，基本是应用于日常的消费品中，将其运用于再利用产品中实属首次。基本原理运行具体如下：用户对于某一产品的选择是用户自身价值观映射于产品循环再利用的一种表现形式，只有当产品循环再利用的价值体现与用户需求、理念相一致时，对再利用产品的购买行为才有可能产生。例如，自身素质较高的用户，会将是否具有绿色性作为评价再利用产品的重要标准之一。

笔者经过查找大量的资料，以及对产品循环再利用消费者需求的特点分析，得出循环再利用产品消费者需求的三个核心要素以及三个核心要素的新兴内涵。

在消费者需求价值元素中，质量主要是指除产品的基本性能外，经过循环再利用的产品的可维护程度、产品的可操作程度及安全性保障等问题；生态性是指循环再利用产品的使用是否符合环境保护的要求，除要求产品本身的制造要无害化，同时对环境造成的影响也要求最小化，还要可以始终进行循环再利用；经济性并非完全要求购买成本最低化，而是说对于循环再利用产品的提供者来说，在能够让消费者以较低成本获取该产品的同时，还应当保证消费者后期的维护费用最低，所承担的购买风险最小。具体指标见表 6-2。

表 6-2 消费者的需求价值元素表

质量（Quality）	生态性（ecology）	经济性（economy）
①产品的可维护性 ②产品的使用价值 ③产品的可操作性 ④安全可靠性	①产品的绿色性 ②环境影响最小 ③产品可循环再利用	①购买成本低 ②维护费用最低

2. 资源节约型消费需求的博弈分析

资源节约型消费需求由消费欲望所引起，消费需求的加强由需求满意度决定，因此要刺激需求，引起欲望，引导资源节约型消费模式的形成，首先要提高普通用户对循环再利用产品的满意度。产品使用满意度是用户对单位寿命时间支付的成本所得到的产品提供的功能和服务的满意度，消费者对停用后的产品的功能和质量不了解，需要专家的参与和认定。所以说，消费者对循环再利用产品的满意度是在专家协助的基础上，加上主观感受而做出的一种价值判断。对产品循环再利用满意度的分析可采用需求的逆向分析，找到决定性因素。

产品使用满意度会影响到用户的最终行为。若产品使用满意度高出了用户期望，即用户期望程度（E）$>P$（用户满意度），用户会感到失望则会影响用户对再利用产品的购买信心；若 $E=P$，则用户会满意；若 $E<P$，则用户会非常满意，也就是说，若用户的期望不能得到实现则易导致不满意。E 与 P 之间差距越大，用户的不满意感就会越强烈。因此，我们应尽量使用户感到满意，产生需求。

消费者在做出决策时首先考虑旧的产品是否可以重用，若经过一定的维护后可以继续使用，则用户需要考虑其绿色性、质量保证及成本性等问题。只有符合了以上所提出的所有条件，理性消费者才会选择产品循环再利用。而在这个决策过程中经济性因子将会起到决定性的作用。因为质量保证将由承担着回收再利用责任及社会责任的生产企业来完成，而生态性因子的保障则由政府部门予以监督控制，消费者无法从专业的角度予以衡量，且生态性因子在短期内无法显现其结果，因此经济性因素就成为影响用户需求的主导因素，该如何激励消费者进行产品循环再利用呢？下面我们将使用博弈模型来解决此问题，如图 6-3 所示。

产品的循环再利用是将已经退役的旧产品和旧设备经过改造后，继续使用或有其他用途。这无疑提高了资源的再利用率，延长了产品的使用寿命。但是

		新产品	
		P_1	P_2
循环再利用产品	P_1	2，3	2，5
	P_2	4，3	4，5

图 6-3　循环再利用产品与新产品的效用博弈分析

与新产品相比，一种经过改造的产品与一种普通产品进行决策时，怎样才能让用户更倾向于选择该产品呢？若产品的质量功能没有很明显的差异的话，价格就成为了唯一的决定因素。很显然，对于同等质量功能的再利用产品与新产品，价格越低的产品诱惑力越大。因此，要合理利用价格这一诱因，充分刺激用户，使其将需求转化为购买行为。

通过构建博弈模型，假设产品定价有高价和低价，分别为 P_1 和 P_2，$P_1>P_2$。假设循环再利用产品与新产品功能近似，且拥有各自的优势。若两类产品价格均采用 P_1，则循环再利用产品因其后期维护费用增多，为用户带来的附加利益少，而导致其带来的效用指数就只有 2，因此可能会被用户放弃使用；但是如果新产品采用 P_1 价格，而循环再利用产品采用 P_2 价格的话，则循环再利用产品所能够产生的效用指数就会增加至 4，新产品的效用指数则会降至 3。因此在这种情况下，为了鼓励用户进行产品的循环再利用，增加社会效益，我们就应当在政府激励政策的引导下，完善用户获取信息渠道，适当降低再利用产品的价格，以充分的价格诱因刺激用户需求，进而达到扩大需求的目的，为构建资源节约型消费模式奠定良好的基础。

总之，基于产品循环再利用的资源节约型消费模式与传统的消费模式有着本质的区别，消费者在选择循环再利用产品时尽管会受到各种内在及外在因素的影响，但就我国目前的资源状况而言，人均资源占有量偏低，社会环境压力过大，采用延长产品生命周期的产品循环再利用是非常有必要且非常迫切的。因此通过本章的分析可知，资源节约型消费需求所考量的价值主要有质量、生态性及经济性三个方面，前两者主要依靠社会与企业来进行保障，第三方面则直接影响消费者的购买行为，因此在进行消费者消费行为激励政策制定时应着重考虑，刺激消费者减少对仍有使用价值的产品的丢弃行为，或者提供循环再利用产品的交易平台，增加消费者获得信息的渠道，提倡适度消费等。

第四节　基于产品循环再利用的资源节约型生产与消费模式激励政策的制定

在市场经济中，如果只是一味地惩罚假冒伪劣行为，事实上并不能从根本上解决问题。例如，诚信经营的厂商也是假冒伪劣厂商的主要受害者，因此必须增强市场管理部门的管理力度，为规范市场秩序提供保障，我们构建如下模型加以说明，见图 6-4。

		市场管理部门：疏于监管	市场管理部门：监管
厂商	伪装	V, $-D$	$-P$, 0
厂商	不伪装	0, S	0, 0

图 6-4　厂商与市场管理部门的博弈

设厂商伪装以次充好的概率为 $P_{\text{伪装}}$，不伪装的概率为 $1-P_{\text{伪装}}$，市场监管的概率为 $P_{\text{监管}}$，疏于监管的概率为 $1-P_{\text{监管}}$。

本博弈中两博弈方决策必须遵循两个原则：第一个原则是不能让对方知道或猜到自己的选择，因而必须在决策时利用随机性；第二个原则是他们选择每种策略的概率一定要恰好使对方无机可乘，即让对方无法通过有针对性地倾向某一策略而在博弈中占上风。

因此，市场管理部门选择疏于监管和监管的概率与厂商选择以次充好和不以次充好的期望得益相等，即

$$(1-P_{\text{监管}})\times V+P_{\text{监管}}\times(-P)=(1-P_{\text{监管}})\times 0+P_{\text{监管}}\times 0$$

厂商选择以次充好和不以次充好的概率和使市场管理部门选择疏于监管和监管的期望得益相等，即

$$P_{\text{伪装}}\times(-D)+(1-P_{\text{监管}})\times S=P_{\text{伪装}}\times 0+(1-P_{\text{监管}})\times 0$$

计算得到：

$P_{\text{监管}}=\dfrac{V}{V+P}$，可以看出，加大对厂商以次充好的处罚 P，短期内使厂商因为害怕处罚而不进行以次充好，但长期内市场管理部门会降低监管的概率，即加大对厂商的处罚会使市场管理部门更加疏于监管。

$P_{\text{伪装}}=\dfrac{S}{D+S}$，所以只有加大政府对市场管理部门疏于监管的处罚 D，才能有效降低厂商以次充好的概率。

这个结论为强化市场管理部门职责提供了充分依据。如果市场管理部门不能有效地履行市场监管的职能，则必将造成各厂商纷纷以次充好，扰乱市场秩序，损害用户利益，从而降低用户满意度，最终导致产品再利用推广困难。再利用产品市场失败，陷入“囚徒困境”的状态。政府的有效激励措施是加大对市场管理部门的惩罚力度，才能真正降低厂商以次充好的概率。

此外，对于诚信经营的商户来说，为了有效抑制假冒伪劣行为也要开展积

极行动，向消费者提供各种形式的质量承诺，如包赔、包换、包退制度，这样一来，既加大了其自身伪装的成本，同时也降低了消费者由于信息不完美带来的可能风险，在很大程度上可以抑制假冒伪劣的发生和提高用户满意度。

政府在宏观调控方面手段欠缺，限制了循环再利用产品销售渠道的拓展，使消费者不能方便地购买到再利用产品，或购买到再利用产品后质量无法得到有效保证，从而削弱了消费者使用循环再利用产品的信心。因此对于政府而言，应当尽快完善再利用产品市场的管理，健全法律法规制度，从间接管制逐步过渡到直接管制。同时，政府一方面应当担当“领头羊”角色，带头进行循环消费，为消费者的购买行为提供导航；另一方面，政府应当与生产企业实行有效合作，共同制定回收标准，规范市场，有力维护双方权益，并严厉打击伪装后的再利用产品。此外，还应进行环保知识的普及，提升全民环境保护意识，通过播放公益性广告，举办环保活动，大力宣传可持续发展理念，倡导全民减少资源浪费、生态破坏，为营造和谐社会共同努力。

激励机制是指通过一套理性化的制度来反映激励主体与激励客体相互作用的方式。激励机制的内涵即它的几个构成要素：诱导因素集合、行为导向制度、行为幅度制度、行为时空制度和行为规划制度。当前我们将激励机制引入生产企业，用以激发生产企业进行产品回收，成为推动产品循环再利用的原动力，提升了其积极性，即企业以资源的高效利用和循环利用为目标，按照政府引导、市场驱动、社会参与的原则，通过市场激励与其他激励的手段和措施，形成政府、企业与公众利益和循环经济发展目标相结合的综合性运行模式。

首先，使用市场激励手段。市场激励手段是指借助价格手段、金融手段、税收手段等来激励生产企业进行资源节约生产观的转型，促进资源节约型生产模式的构建。价格、成本是影响需求的最终原因，因此我们利用价格手段来控制和引导生产企业的内部循环，进而扩大至外部循环。同时，价格、成本是影响生产业企业经济效益的重要因素之一，它包括企业获取自然资源的价格和获取再生资源的价格两部分。为了刺激生产企业积极进行产品循环再利用，减少自然资源的直接使用，同时对经济效益又不会产生较大影响，我们可以通过提高自然资源的价格来鼓励企业，通过提高再利用产品的价格来补贴企业的经济损失。

其次，使用税收手段。对于进行可持续资源利用的企业来说，利用税收机制给予激励也不失为一种好办法。政府可通过减少税费或免收某些税目的形式来实施补贴或奖励，在一定程度上可以鼓励生产企业积极进行废旧物资的回收再利用等。

再次，为企业提供融资优惠政策。对于我国来说，将废旧物资加以使用的企业不在少数，但在经营上形不成规模优势，再加上再利用产品质量不高，导致消费者消费信心不足，也就无法形成良好的供应链与生产链，因此阻碍生产企业产品循环再利用的进行。若政府采用优惠利率，提供优先贷款等金融政策的话，无疑可增加生产企业的实力，为进一步形成规模化生产提供保障。

总之，消费者的需求作为产品循环再利用的需求的出发点，直接影响着厂商的信心。因此，无论是企业、政府还是普通用户，都应积极主动地推动循环经济的发展，促进产品循环再利用范围的扩大，为构建资源节约型生产与消费模式而努力，推动我国国民经济健康快速地增长。

参考文献

白雅琴．2006. 影响传统消费模式向可持续消费发展的因素．科技与经济，(1)：53-54.

蔡文．1983. 可拓集合和小相容问题．科学探索学报，(1)：83-97.

蔡文．1995. 从物元分析到可拓学．北京：北京科学技术文献出版社，35-58.

蔡文，石勇．2006. 可拓学的科学意义和未来发展．哈尔滨工业大学学报，(7)：1082-1085.

蔡文，杨春燕，何斌．2003. 可拓逻辑初步．北京：科学出版社．

蔡文，张拥军．2002. 可拓策划．北京：科学出版社．

陈玳．2010. 废旧机电产品再循环模式研究．标准科学，(4)：73-77.

陈二强．2008. 基于再制造系统的闭环供应链的逆向物流研究．物流技术，27 (1)：20-22.

陈国兵．2010. 政府与企业在废旧家电逆向物流的博弈分析．北京交通大学硕士学位论文．

陈力．2006. 节约型社会必须大力倡导节约型消费方式．求实，(4)：45-47.

陈翔宇，梁工谦，马世宁．2007. 基于 PMLC 再制造产品的持续质量改进．中国机械工程，18 (2)：170-174.

陈以增，唐加福，侯荣涛，等．2002. 基于质量屋的产品设计过程．计算机集成制造系统—CIMS，8 (10)：757-761.

储洪胜，宋七吉．2004. 反向物流及再制造技术的研究现状和发展趋势．计算机集成制造系统—CIMS. 10 (1)：10-14.

邓小华，周恭明．2004. 我国与发达国家资源再生产业状况比较及分析．北方环境，29 (6)：4-7.

丁善婷，钟毓宁，何涛．2002. 基于神经网络的动态 QFD 方法．湖北工学院学报，17 (4)：74-76.

董景峰，周燕，许恒勤．2010. 面向内外部逆向物流的库存控制模型．计算机集成制造系统，16 (1)：108-116.

杜彦斌，曹华军，刘飞，等．2011. 基于熵权与层次分析法的机床再制造方案综合评价．计算机集成制造系统，17 (1)：84-89.

范江华．2004. 逆向物流运作模式研究．物流科技，(7)：21-23.

冯珍．2004. 基于质量屋的产品级再使用维护设计．计算机集成制造系统—CIMS，10 (4)：476-480.

冯珍．2005. 产品级再使用研究．西安电子科技大学博士学位论文．

冯珍，刘桂林，张所地．2010. 住宅小区绿色性能全生命周期评价．技术经济，29 (1)：66-68.

冯珍，徐国华，王书振．2004. 产品循环再利用维护设计研究．机械工程学报，40 (4)：168-171.

付鹏伟，李军，王继荣．2006. 构建逆向物流过程的重复博弈分析与仿真．中国科技论文在线，1 (3)：232-238.

高云．2005. DEA 有效性理论进一步探讨及应用．山东大学硕士学位论文：11-13.

桂祖礼．2003. 敏捷制造环境下质量功能配置系统的研究与实现．西安交通大学硕士学位论文：39-42.
何波，孟卫东．2009. 考虑顾客选择行为的逆向物流网络设计问题研究．中国管理科学，17（6）：104-108.
何昀．2006. 论建设节约型社会中的消费方式变革．消费经济，22（5）：66-70.
侯华．2007. 发展循环经济是建设资源节约型环境友好型社会的必然选择．工业技术经济，（2）：30-47.
黄建新，杨建军，张志峰．2005. 现役地空导弹武器装备的修理级别分析模型．战术导弹技术，（6）：31-34.
黄丽娟．2006. 基于可拓评价的产品回收等级分类．工业工程，9（3）：104-106.
黄铁苗，徐廷波．2006. 走出认识误区建设节约型社会．经济学家，（5）：65-69.
黄雪茜．2010. 循环经济下的再生资源逆向物流博弈分析．兰州理工大学硕士学位论文．
孔造杰，郝永敬．2001. 用权重概率系数法确定 QFD 中用户需求重要性．计算机集成制造系统—CIMS，7（2）：65-67.
李承煦．2008. 关于可形成二手市场的耐用品市场中消费者的行为选择和均衡研究．重庆大学硕士学位论文．
李桂香．2006. 资源节约型社会评价指标体系构建初探．济南大学学报，20（4）：351-353.
李海，马月如．2007. 对跳蚤市场的三方博弈分析．商场现代化，（10）：159-160.
李红，白婷，冯珍．2008. 产品循环再利用质量判断．数学实践与认识，38（12）：197-201.
李伍荣，文启湘．2006. 生态型服务消费：资源节约型消费模式的重要内容．消费经济，22（6）：72-75.
李艳霜，韩文秀，增珍香，等．2001. DEA 模型在旅游城市可持续发展能力评价中的应用．河北工业大学学报，30（5）：62-66.
林清明．2006. 对构建资源节约型、环境友好型社会的伦理思考．中国特色社会主义研究，（3）：21-22.
林志航．1997. 计算机辅助质量系统．北京：机械工业出版社：137-158.
刘佳，魏彩乔，王西彬．2003. 粗糙集综合评价法在绿色制造评价中的应用研究．重庆环境科学，25（12）：64-67.
刘娜．2005. 可拓法在业绩评价中的应用研究．西安建筑科技大学硕士学位论文：6.
刘人怀．2006. 中国制造业的生存哲学．科技中国，（6）：27-31.
刘少岗，金秋，王平．2006. 废旧产品回收策略的分析．中国表面工程，19（5）：87-91.
刘依．2006. 基于可拓理论的制造企业合作伙伴选择的应用研究．武汉理工大学硕士学位论文：10.
刘志峰，刘光复，林巨广，等．2002. 废旧产品资源回收过程决策方法研究．计算机集成制造系统—CIMS，8（11）：876-880.
刘志峰，许永华，刘学平，等．2000. 绿色产品评价方法研究．中国机械工程，11（9）：968-971.
马江．2010. 对循环经济基本原则——减量化原则的思考．生产力研究，（6）：26-30.
马凯．2005. 发展循环经济建设节约型社会和环境友好型社会．求是，（16）：7-9.
马瑞先．2008. 基于循环经济的企业生态化发展模式研究．哈尔滨工程大学博士学位论文：

62-65.
马翊华．2003. 基于可拓学的企业核心能力识别方法研究．河北工业大学硕士学位论文：11.
马祖军，代颖，刘飞．2005. 再制造物流网络的稳健优化设计．系统工程，23（1）：74-78.
牛文元．2007 关于循环经济及其立法的若干问题．中国发展，7（3）：9-16.
齐建国．2004. 关于循环经济理论与政策的思考．经济纵横，（2）：35-39.
齐振红．2003. 循环经济与生态园区建设．中国人口资源与环境，13（5）：111-114.
乔刚．2010. 生态文明理念与循环经济新发展方式的分析．环境污染与防治，32（5）：106-109.
施浒立，冯珍，郝月照．2005. 产品循环再利用研究．电子机械工程，21（4）：1-5.
石坚，徐得红．2007. 循环经济中的电子废弃物再利用研究．北方经贸，（2）：112-113.
宋国乡，王世儒，甘小冰．2001. 数值分析．西安：西安电子科技大学出版社：106-113.
孙浩，达庆利．2009. 基于不同权力结构的废旧产品回收再制造决策分析．中国管理科学，17（5）：104-113.
谭慧红．2008. 基于循环经济的旧货市场研究．上海大学硕士学位论文：133-139.
唐晓纯．2005. 解读循环经济的六大理念．当代经济研究，（6）：48-50.
陶莉萍，李宏余．2005. 基于 DEA 的动态综合评价模型与应用．研究与发展管理，17（1）：33-36.
王国华．2007. 可再用包装逆向物流网络构建研究．南昌大学硕士学位论文．
王海燕．2007. 我国逆向物流发展研究．武汉理工大学博士学位论文．
王华．2006. 对发展循环经济建设资源节约型社会的思考．工业技术经济，25（2）：31-32.
王晶日．2004. 实现循环经济的探讨．环境保护科学，（2）：52-55.
王跃进，孟宪颐．2000. 绿色产品多级模糊评价方法的研究．中国机械工程，11（9）：1016-1019.
王作雷，蔡国梁，李玉秀，等．2003. 基于可拓数学的城市商用土地等级综合评价．江苏大学学报，24（4）：88-90.
温家宝．2005. 高度重视加强领导加快建设节约型社会．国土资源通讯，（14）：4-7.
吴刚，陈兰芳，李云，等．2010. 循环经济下再生资源规范回收行为研究．中国人口．资源与环境，20（10）：109-116.
吴和成．2004. 投入产出模型若干问题的研究．河海大学博士学位论文．7：75-78.
向东，段广洪，汪劲松．2002. 产品全生命周期分析中的数据处理方法．计算机集成制造系统，8（2）：150-154.
谢季坚，刘承平．2006. 模糊数学方法及其应用．第三版．武汉：华中科技大学出版社，8：51-68.
谢识予．2002. 经济博弈论，上海：复旦大学出版社．
徐滨士．2005. 发展再制造工程，促进循环经济建设（二）理论与实践，中国设备工程，（3）：37-38.
徐滨士．2009. 工程机械再制造及其关键技术．工程机械，40（8）：1-7.
徐滨士，刘世参，史佩京．2008. 再制造工程的发展及推进产业化中的前沿问题．中国表面工程，21（1）：1-6.

徐滨士，马世宁，朱绍华，等．2002. 21世纪绿色再制造工程及进展．材料导报，16（1）：3-6.

徐峰，盛昭瀚．2008. 一类再制造产品的定价策略研究．中国管理科学，16：503-506.

徐坤．2009. 基于博弈分析的电子产品逆向供应链渠道利益协调研究．杭州电子科技大学硕士学位论文：87-89.

徐荣乐．2011 基于循环经济理论的废旧机电产品的再循环工业园区构建．北京化工大学硕士学位论文．

徐泽水．2002. 部分权重信息下多目标决策方法研究．系统工程理论与实践，22（1）：43-47.

燕波．2009. 基于循环理论的闭环供应链分析框架．绿色经济，（7）：65-69.

杨贺盈，瞿祥华．2002. 可持续型的生产与消费模式研究．科技进步理论，（8）：123-125.

杨青．2008. 项目质量管理．北京：机械工业出版社：230-281.

杨忠直．2007. 循环经济系统中产品再利用的经济学分析．西北农林科技大学学报（社会科学版），7（4）：42-47.

姚卫新．2003. 再制造的产品回收博弈分析．物流技术，（3）：84-85.

岳辉．2007. 不确定环境下再利用逆向物流网络构建研．西南交通大学博士学位论文．

张爱勤．2006. 完善消费约束机制建立资源节约型社会．光明日报，（6）．

张顺堂，李仲学．2005. 基于DEA的黄金矿山经济效益评价模型研究．中国矿业，14（6）：18-22.

张曾科．1997. 模糊数学在自动化技术中的应用．北京：清华大学出版社：229-244.

赵昱卿，夏守长，奚立峰．2003. 产品再制造特征的研究．新技术新工艺，（1）：7-9.

甄巧莲．2005. 可拓优度评价法在土地整理规划方案优选中的应用研究．河北农业大学硕士学位论文：6.

郑元，张天柱．2003. 不确定数据条件下的生命周期评价及其应用．重庆环境科学，25（6）：18-20.

周长兰．2007. 基于循环经济理论的绿色物流研究．山东大学硕士学位论文．

朱世香．2006. 基于可拓理论的商业银行绩效评价研究．哈尔滨工业大学硕士学术论文．

邹辉霞，荆海霞．2003. 基于供应链的逆向物流管理．中国流通经济，（7）：19-22.

Ahmed M A, Saadany E I, Mohamad Y J. 2010. A production/remanufacturing inventory model with price and quality dependant return rate. Computers & Industrial Engineering, 58（3）：352-362.

Akerlof G A. 1970. The market for "lemons"：quality uncertainty and the market mechanism. Quarterly Journal of Economics, 84：488-500.

Akram E, Dominique M. 2011. Designing a sustainable reverse logistics channel：the 18 generic structures framework. Journal of Cleaner Production, 19（6-7）：588-597.

Antonio R S, Luis A P, Omar L. 2006. Secondhand market and the lifetime of durable goods. Working Papers from FEDEA,（10）：1-23.

Cristiano J J, Liker J K, White C C III. 2001. Key factors in the successful application of quality function deployment（QFD）. IEEE Transactions on Engineering Management, 48（1）：81-95.

Eric W，Ramzy K，Braden A，et al. 2008. Environmental，social，and economic implications of global reuse and recycling of personal computers. Environment Science and Technology，42 (17)：6446-6454.

Feng Z，Xu G H. 2004. Fuzzy optimization model of maintenance design for product level reuse. Chinese Journal of Mechanical Engineering，17 (2) ：197-199.

Gao M，Zhou M C，Candill R J. 2002. Integration of disassembly leveling and Bin assignment for demanufacturing automation . IEEE Tran sacthion on Robotics and Automation，18 (6)：867-874.

Geyer R，Blass V D. 2010. The economics of cell phone reuse and recycling The International Journal of Advanced Manufacturing Technology，47 (5-8)：515-525.

Glenn. M . 1997 Voice of custmer analysis：a modern system of front－end QFD tools. Proceeding of A SQC's 51st Annual Quality Congress：4：78-88.

Govers C P M. 2001. QFD not just a tool but a way of quality management. International Journal of Production Economics，69 (2)：151-159.

Grit W，Jenny S，Thomas S S，et al：2010. Implementation of the WEEE-directive ecnomic effects and improvement potentials for reuse and recycling inGermany. The International Journal of Advanced Manufacturing Technology，47 (5-8)：461-474.

Guide J V R，Jayaraman V，Linton J D . 2003. Building contingency planning for closed-loop supply chains with product recovery. Journal of Operations Management，21 (3)：259-279.

Holt R J，Barnes C J. 2011. Proactive Design for Manufacture through decision analysis. International Journal of Product Development ，13 (1)：67-83.

Hsiao F W，Hsin W H. 2010. A closed-loop logistic model with a spanning-tree based genetic algorithm. Computers & Operations Research，37 (2)：376-389.

Kim H J，Lee D H，Xirouchakis P. 2007. Disassembly scheduling：literature review and future research direction. International Journal of Production Research，45 (18)：4465-4484.

Lee C H，Rhee B. 2007. Channel coordination using product returns for a supply chain with stochastic salvage capacity. European Journal of Operational Research，177 (1)：214-238.

Lee D H，Dong M. 2008. A heuristic approach to logistics network design for end-of-lease computer products recovery. Transport Research，Part E，44 (3)：455-474.

Lee S G，Lye S W，Khoo M K . 2001. A multi—objective methodology for evaluating product end-of-life options and disassembly. International Journal of Advanced Manufacturing Technology，18：148-156.

Liu Q，Ye J J. 2010. Research on fourth party reverse logistics based on nonprofit organisation . International Journal of Logistics Economics and Globalisation ，2 (2) ：118-128.

Mangun D，Thurston D L. 2002. Incorporating component reuse，remanufacture，and recycle into product portfolio design . IEEE Transactions on Engineering Management，49 (4)：479-490.

Matsumoto M，Kondoh S，Takenaka T. 2009. A multi-agent model for product reuse service markets. International Conference of Soft Computing and Pattern Recognition：12：4-9.

Matsumoto M，Nakamura N，Takenaka T. 2010. Business constraints in reuse services . IEEE Technology and Society Magazine，29 (3)：55-63.

Matsumoto M，Naito K. 2009. A study on remanufacturing businesses in Japan. IEEE International Symposium on Sustainable Systems and Technology，5：1-6.

Meng L H，Chen Y N，Li W H. 2009. Fuzzy comprehensive evaluation model for water resources carrying capacity in Tarim River Basin，Xinjiang，China. Chinese Geographical Science，19 (1)：89-95.

Mitsutaka M. 2009. Business frameworks for sustainable society：a case study on reuse industries in Japan . Journal of Cleaner Production，17 (17)：1547-1555.

Mohammad S M，Rassoul N，Mahmood S. 2009. Modeling and analysis of effective ways for improving the reliability of second-hand products sold with warranty . The International Journal of Advanced Manufacturing Technology，46 (1-4)：253-265.

Moskowitz H，Kim K J. 1997. QFD Optimizer：a novice friendly quality function deployment decision support system for optimizing product designs. Computers & Industrial Engineering，32 (3)：641-655.

Nakashima K，Arimitsu H，Nose T，et al. 2002. Analysis of a product recovery system . International Journal of Production Research，40 (15)：3849-3856.

Nof S Y，Chen J. 2003. Assembly and disassembly：an overview and framework for cooperation requirement planning with conflict resolution . Journal of Intelligent and Robotic Systems：Theory and Applications ，37 (3)：307-320.

Omar L，Luis A P，Antonio R S. 2008. A vintage model of trade in secondhand markets and the lifetime of durable goods . Mathematical Population Studies，15 (4)：249-266.

Pavlou P A. 2003. Consumer acceptance of electronic commerce：integrating trust and risk with technology acceptance mode. International Journal of Electronic Commerce，7 (3)：101-134.

Reza F S. 2010. A new model for selecting third-party reverse logistics providers in the presence of multiple dual-role factors. The International Journal of Advanced Manufacturing Technology，46 (1-4)：405-410.

Rokeach M，1973. The Nature of Human Value. New York ：The Free Press.

Tang J F，Richard Y K，Baodong X U，et al. 2001. A new approach to quality function deployment planning with financial consideration . Computers & Operation Research，29 (11)：1447-1463.

Theresa J B，Zelda B Z. 2011. A multicriteria decision making model for reverse logistics using analytical hierarchy process . Omega，39 (5)：558-573.

Wei Y M，Liu L C，Fan Y，et al. 2007. The impact of lifestyle on energy use and CO_2 emission：an empirical analysis of China’ s Residents . Energy Poliey 35：247-257.

William Y，Kumju H，Seonaidh M，et al. 2010. Sustainable consumption：green consumer behaviour when purchasing products . Sustainable Development，18 (1)：20-31.

Winka M，Carpenter J. 1998. New Jersey Department of environmental protection/Union

County demanufacturing program . IEEE International Symposium on Electronics & the Environment，(4-6)：328-330.

Wolde R Y. 2005. Energy demand and economic growth：the African experience. Journal of Policy Modeling，35：891-903.

Xu B S. 2008. Remanufacturing engineering and automatic surface engineering technology . Key Engineering Materials，373-374：1-11.

Yang M，Chen M. 2005. Life cycle of remanufactured engines . Cent. South Univ. Technol，12：81-85.

Yu Y J，Guo H C，Liu Y. 2005. Fuzzy comprehensive evaluation model of ecological demonstration area. Chinese Geographical Science，15 (4)：303-308.